Haircut Workbook

헤어커트 실전 워크북

구민사

CONTENTS

01 이론편 : 헤어커트 디자인 이해

02 실전대비 기초편 I

CONTENTS

03 실전대비 기초편 II

04 실전대비편 : 커트의 기본 유형

05 실전편 : Portpolio

06 부록

01 이론편 : 헤어커트 디자인 이해

Haircut Workbook

1 헤어커트 디자인 개념

헤어커트는 '머리형태를 만들다.'는 의미로서 헤어스타일을 만들기 위한 기초 기술이다. 헤어커트는 헤어스타일을 더욱 돋보이게 표현하며, 모발을 소재로 선, 방향, 질감 등의 요소들을 통해 조형을 창출 할 수 있다.

헤어커트는 모발의 길이를 자르거나 숱을 감소시키는 것을 통해 머릿결의 율동감, 무게감, 움직임, 질감 등을 표현함으로써 머리모양의 형태를 만드는 것이다. 즉, 헤어커트는 가장 이상적인 길이를 설정한 후 질감, 볼륨, 방향 등의 여러 요소들을 이용하여 '머리모양'을 만든다고 정의내릴 수 있다.

그 방법으로는 웨트 커트, 드라이 커트가 있다. 웨트 커트(wet cut)는 모발이 팽윤되어 가위, 레이저 등의 날에 대해 친화성을 띄게 되어 정확한 커트가 가능하다. 반면, 드라이 커트(dry cut)는 대체적으로 건조된 상태에서 헤어스타일의 완성을 위한 커트로서, 많이 사용되는 기법이지만 주의할 점은 건조한 모발의 부푼 상태, 모발의 방향, 개인의 빗질 습관 등을 정확히 파악하면서 커트해야 한다.

1) 헤어 디자인 특수성

특수성	고객의 사상이나 감정, 감성 존중
	소재 선정의 부자유
	부용 예술: 목적이나 가치가 있는 예술 그림, 조각 → 자유예술 건축, 미용 → 부용예술
	고객을 직접 대면 – 요구도 반영
	시간적 제약
	바로 평가

2) 헤어 디자인 과정

구분	내용
소재	재료 자체가 발상, 제한된 인체의 일부
↓	
구상(발상)	소재를 충분히 관찰 소재의 특징을 살려 훌륭한 개성미를 나타낼 수 있는가? 연구, 계획
↓	
제작	구상의 구체적인 표현
↓	
보정	숙련된 디자이너일지라도 제작을 끝낸 다음에는 전체적인 모양을 종합적으로 관찰하고 조화를 이룰 수 있도록 재조사하여 끝맺음

MEMO

2 헤어커트 디자인 요소

헤어커트 디자인은 형태(form), 질감(texture), 색상(color)의 요소를 응용, 병합하여 독창적이고 다양한 디자인을 만들어 내며, 이러한 조합 방식을 디자인 원리라고 한다.

1) 형태(form)

형태의 일반적인 개념은 구체적인 입체의 형태를 말하며, 3차원의 볼륨(volume)으로 정의할 수 있다. 이러한 형태는 방향성을 지닌 선의 결합으로 이루어지며 선은 점과 점이 만나 이루어지는 것이다.

차원의 기본 구성 요소

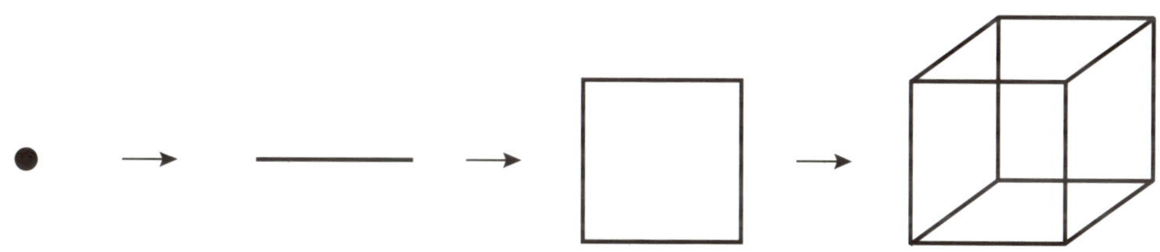

형태의 3요소: 선(line), 방향(direction), 모양(shape)

(1) 선(line): 직선 또는 곡선의 연속된 점들의 모임으로 형태의 분석은 선의 이해에서 비롯된다.

(2) 방향(direction): 커트 분석의 핵심요소 중 하나로 주어진 선의 진로, 직선의 상·하·좌·우가 기본 방향이다.

직선	수평, 수직, 좌대각, 우대각
곡선	컨케이브(concave), 컨벡스(convex), 역곡선: 컨케이브(concave) + 컨벡스(convex)

(3) 모양(shape): 너비와 길이로 이루어진 형태의 2차원적 표현(면)으로 시작점에서 만나는 선으로 둘러 쌓인 평면(닫힌 공간), 직선 디자인(각진 디자인)과 곡선(유선형의 디자인)으로 간주한다. ex) 삼각형, 사각형, 오각형, 원형 등

2) 질감(texture)

머리 질감은 촉각과 시각을 통해 느낄 수 있는 머리 표면의 질이며, 빛 또한 머리 질감에 대한 인식에 영향을 준다. 머리 질감은 커트한 머릿결이 보이는 액티베이티드(activated)와 커트한 머리 질감이 보이지 않는 언액티베이티드(unactivated), 또는 이 두 가지가 혼합된 질감이 될 수 있다.

구분	내용		
액티베이티드 (activated)	잘린 모발 끝이 보이는 질감	→	인크리스 레이어(increase layer), 유니폼 레이어(uniform layer)
언액티베이티드 (unactivated)	잘린 모발 끝이 보이지 않는 질감	→	솔리드(solid)
콤비네이션 (combination)	두 가지의 혼합형 질감	→	그래쥬에이션(graduation)

액티베이티드 (activated)	언액티베이티드 (unactivated)	콤비네이션 (combination)

3) 색상(color)

빛이 물체에 투영되었을 때 나타나는 시각적 효과를 지니며, 질감의 착시 효과, 운동감, 방향감, 부피감, 무게감 등 영향을 준다.

시각적 환영 (착시현상)	언액티베이티드(unactivated) → 액티베이티드(activated) 어두운 색상: 작고 들어가 보이게 함 밝은 색상: 크고 나와 보이게 함

가벼움	운동감	무게감

MEMO

3 헤어커트 디자인 원리

<table>
<tr><td>반복
(repetition)</td><td colspan="2">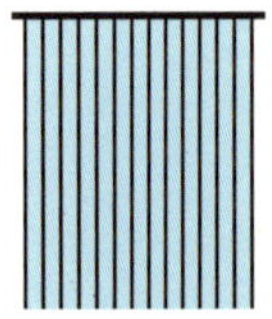</td><td>위치를 제외한 모든 요소가 동일</td></tr>
<tr><td>교대
(alternation)</td><td colspan="2">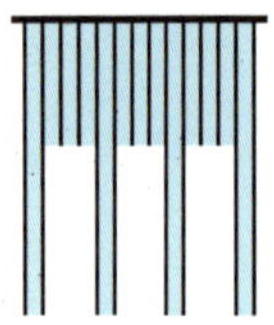</td><td>둘 또는 그 이상의 디자인 요소들이 연속적인 패턴으로 반복</td></tr>
<tr><td>진행
(progression)</td><td colspan="2">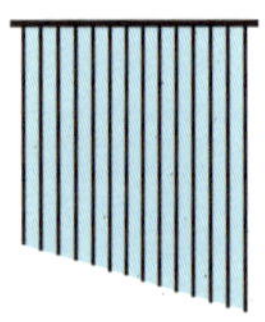</td><td>모든 디자인 요소들이 유사하나 일정한 비율로 변하는 것을 의미하며, 일정한 비율의 연속성은 최종결과를 향해 증가 또는 감소</td></tr>
<tr><td>대조
(contrast)</td><td colspan="2">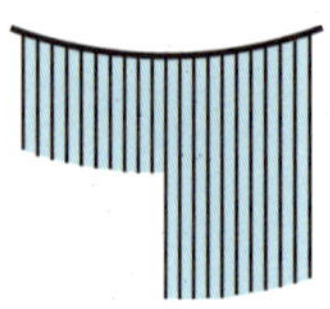</td><td>서로 상반되는 요소들이 다양한 디자인 변형을 만들어 내어 디자인의 흥미 유발</td></tr>
<tr><td>비조화
(discord)</td><td colspan="2">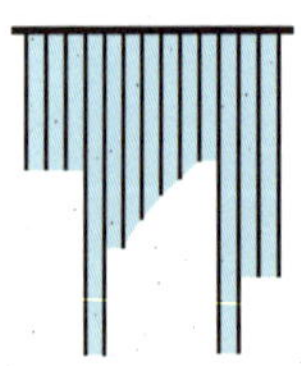</td><td>디자인 요소들 간 최대한의 간격을 통해 시각적 자극 효과</td></tr>
<tr><td rowspan="3">균형
(balance)</td><td colspan="2">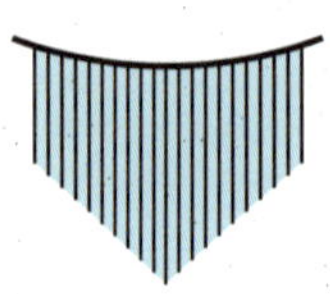</td><td>구성 요소들의 아름다운 조화로 대칭과 비대칭이 이에 속한다.</td></tr>
<tr><td>대칭</td><td>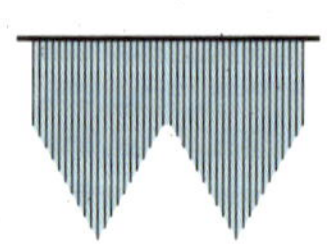</td><td>형태의 크기가 대칭적으로 균등</td></tr>
<tr><td>비대칭</td><td>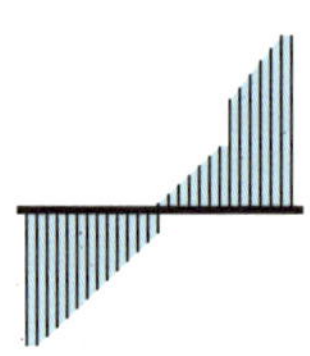</td><td>축을 기준으로 양쪽이 동일하지 않을 때</td></tr>
</table>

4 헤어커트의 분석

1) 디자이너로서 관찰과 사고

디자이너로서 관찰하고 사고하는 능력은 길러야 한다. 헤어 디자이너는 기능적·미적으로 만족스러운 디자인을 위해 대상을 관찰하고 사고하는 노력을 기울여야 한다. 대상을 관찰할 때에는 먼저 전체에서 일부를 따로 떼어 개별적으로 분석한 후 다시 하나로 조합하는 훈련이 필요하다. 디자이너로서 대상물을 관찰하고 분석하는 데 있어 균형 잡힌 시각을 갖기 위해서는 좌뇌와 우뇌 모두의 능력을 개발시키는 것이 중요하다.

(1) 관찰: 정보를 모으고 분석하는 과정

질적 분석 (qualitative)	대상물의 각 부분의 목록, 사물의 특징, 성질 등 분석
양적 분석 (quantitative)	크기, 비율, 부피에 대해 각 부분의 양과 관련한 분석

(2) 관찰의 3단계: 관찰 과정이 진행되는 동안 질적·양적 분석 능력을 이용한다.

1단계 (기본 관찰)	외곽선, 윤곽(형태) 관찰	→	시각적
2단계 (정밀 관찰)	세부사항 관찰 (길이감, 컬러, 길이)	→	질적 분석
3단계 (추상적 관찰)	구조그래픽, 상상 (전문가적 관찰)	→	양적 분석

(3) 디자이너의 사고 형성 과정

우뇌	예술적, 미적, 상상력, 시각적, 창조적	→	완성된 결과 구상 (예술적 재능)
좌뇌	기술적, 시간 지향적, 논리적, 분석적	→	실질적 절차 결정 (기술적 재능)

2) 헤어커트 디자인 결정 요인

헤어 디자인을 결정하기 위해서는 골격, 얼굴 생김새(턱선, 눈, 코, 입), 얼굴형, 머리흐름, 모발의 질, 생활습관, 직업 등 여러 요인을 고려하여 대상에게 알맞은 헤어 디자인을 하여야 한다.

(1) 얼굴의 형태

얼굴형은 이목구비와 머리형을 제외한 외곽의 외곽선을 말하며, 얼굴 유형은 외곽선을 형태에 따라 특징적으로 나누어지는 타입들의 총칭을 말한다.

계란형	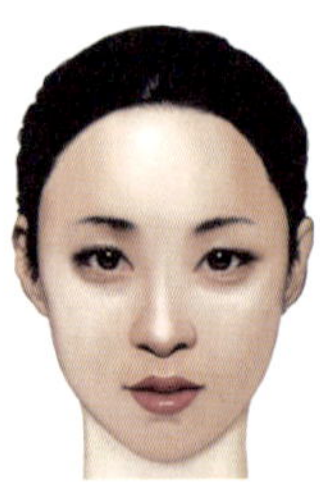	· 이상적인 얼굴형 · 얼굴의 상안, 중안, 하안부의 길이가 동일 · 다양한 헤어스타일을 소화할 수 있다.
장방형	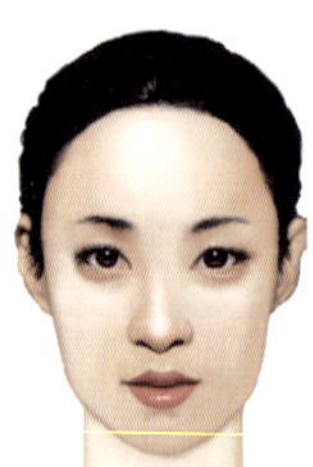	· 이마 길이와 턱 선의 길이가 긴 얼굴형 · 옆 부분에 웨이브를 가미하여 볼륨을 준다. · 중간 기장의 머리가 가장 적합하며, 앞머리는 긴 얼굴을 짧게 하는 효과가 있다.
둥근형	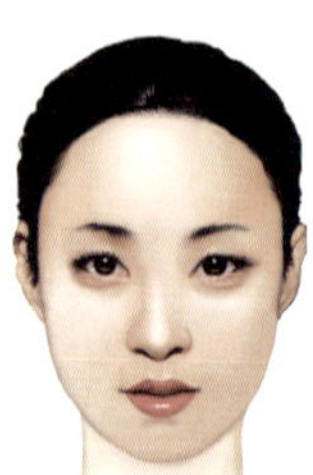	· 프론트의 헤어라인 선과 턱 선이 짧고 둥근 얼굴형 · 짧은 머리가 가장 적합하다. · 옆머리는 볼륨을 죽이고, 윗부분은 볼륨을 형성하여 모발로 볼을 커버한다.
사각형	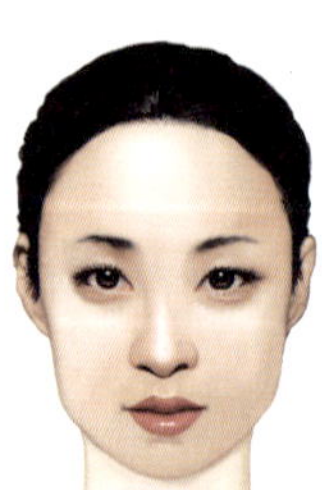	· 이마 폭과 턱 선이 넓고 각이 진 얼굴형 · 부드러운 디자인이 필요하다. · 관자놀이와 볼 그리고 턱선 주위에 부드러운 라인의 커트가 필요하다.

<table>
<tr><td>역삼각형</td><td>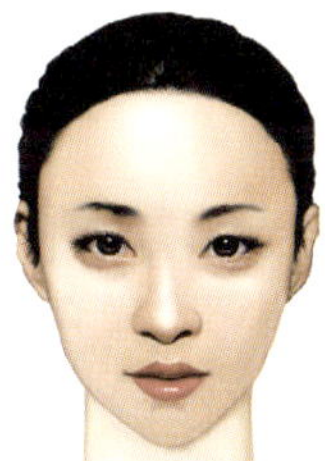</td><td>· 이마 폭이 넓고 턱 선이 좁은 얼굴형
· 옆 가르마와 긴 사이드 앞머리로 넓은 이마를 커버한다.
· 턱선 주변에 볼륨을 강조하는 것이 좋다.</td></tr>
<tr><td>삼각형</td><td>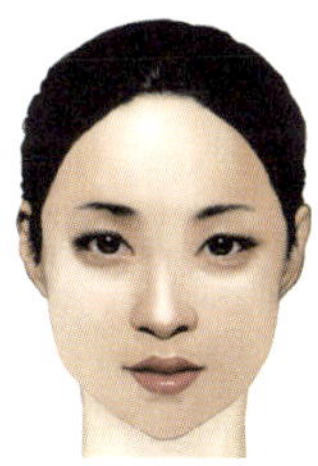</td><td>· 이마 폭이 좁고 턱 선이 넓은 얼굴형
· 턱 선 위로 볼륨감을 주고, 턱 선부터는 부드러운 라인을 형성한다.</td></tr>
<tr><td>마름모형</td><td>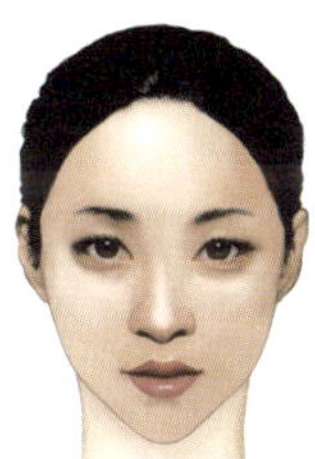</td><td>· 광대뼈가 넓고 이마와 턱 선이 좁은 얼굴형
· 이마와 턱 선에 볼륨을 주어 상대적으로 광대뼈를 커버한다.</td></tr>
</table>

(2) 목과 어깨의 형태

목이 길 경우, 너무 짧게 커트한다면 목이 더욱 길어 보이므로 쇼트 헤어스타일보다는 롱 헤어스타일이 긴 목의 단점을 보완해줄 수 있다. 목이 짧은 경우, 모발이 목 주위를 감싼다면 목이 더욱 짧아 보이므로 롱 헤어스타일보다는 쇼트 헤어스타일이 짧은 목의 단점을 보완해줄 수 있다. 쇼트 헤어스타일 중에서도 목 뒤가 무겁거나 수평라인 스타일은 피하는 것이 좋다.

지나치게 넓은 어깨의 경우, 뒷머리를 컨벡스(convex) 형으로 커트해서 어깨를 좁아 보이도록 하는 착시 현상을 주는 헤어스타일은 연출하는 것이 좋고, 어깨가 좁은 경우, 좁은 어깨를 커버하기 위해서 뒷머리를 원랭스(one-length) 형태로 커트하여 어깨가 덜 좁아 보이도록 헤어스타일을 연출하는 것이 좋다. 일반적으로 동양인은 큰 두상에 비해 어깨가 좁은 편이다. 하지만 최종적인 헤어디자인은 고객의 생김새와 얼굴모양 그리고 키 등을 고려하여야 한다.

(3) 모발 질감과 양

모발의 질감은 화학적 · 물리적 그리고 자연적인 영향에 의해서 형성된다. 커트나 스타일링을 할 때는 헤어 질감에 따라서 그에 맞는 테크닉과 기구들 그리고 제품의 사용이 필요하다. 가는 모발의 경우, 블런트(blunt) 커트 기법으로 단발머리를 할 때 가장 머리카락이 안정적이고 두꺼워 보이는 효과를 얻을 수 있다. 굵은 모발의 경우, 숱을 감소시키거나 층을 내어서 보다 손질하기 쉽도록 한다. 중간 모발은 어떤 스타일을 표현해도 손질이 쉽다.

모발 숱은 모발이 양을 나타내는 용어이다. 레이어(layer)는 무게감을 줄일 때 사용하고, 그래쥬에이션(graduation)은 무게감을 쌓을 때 사용한다. 머리숱은 개개인의 두상에 얼마만큼의 모발이 있는지를, 그리고 어떻게 움직이는지를 표현한다. 이는 같은 두상이라도 그 위치에 따라 다르게 나타나기도 한다.

(4) 모발의 흐름

모발의 흐름은 얼굴 형태만큼이나 다양하며, 헤어디자인을 선택하기 전에 반드시 점검해야 한다. 모발의 흐름에 주의할 부분은 앞 이마 헤어 라인, 정수리 부분의 가마 부분, 목덜미 부분의 모발 방향, 가르마 등이 있다.

① 가마

가마는 사람의 머리털이 소용돌이 모양으로 난 자리를 말한다. 사람의 털은 피부 표면에 수직으로 자라는 것처럼 보이지만 실제로는 모두가 조금씩 경사가 지게 되며, 이 경사도는 신체 각 부위에 따라 약간씩 다르고, 신체의 모든 곳에는 털의 흐름이 생기게 되는데 이를 모류(毛流, flumina pilorum)라고 한다.

정수리 부분의 가마는 머리가 젖었을 때 쉽게 볼 수 있으며, 모발이 자연적으로 누운 상태를 고려해야 한다. 이 경우 모발의 자연적인 흐름을 따르면 손질이 쉬워진다. 하지만, 머리흐름 대로 해서 맞지 않는 경우도 있어 여러 가지 요인들을 종합적으로 봐서 맞추어야 한다. 특히 머리길이가 짧은 경우에는 정수리 부분의 머리가 들뜨고 갈라지기 때문에 고려하여 커트를 하여야 한다.

홀(whorl) 가마는 대부분의 경우 하나의 방향을 가지며, 오른쪽으로 회전하는 방향의 가마가 많다. 카우릭(cowlick) 가마는 이마 위에 소가 핥은 듯 앞부분의 모발이 강한 일정한 방향성 가지는 경우를 말한다. 커트 시 당겨서 자르거나 짧게 커트하는 것을 피해야 하며, 약간 길게 커트하는 것이 좋다. 아주 강할 경우 펌제를 써서 어느 정도의 위치를 고정시킬 필요가 있다. 더블 크라운(double crown, 쌍가마)은 가마가 2개인 경우로 그 주위에 모발이 강하게 자라므로 커트 시 주의해야 한다. 짧은 커트를 하면 이 부분의 머리카락이 사방으로 뻗으므로 짧게 자르는 것을 삼가고, 길이를 유지시키는 방향으로 한다.

		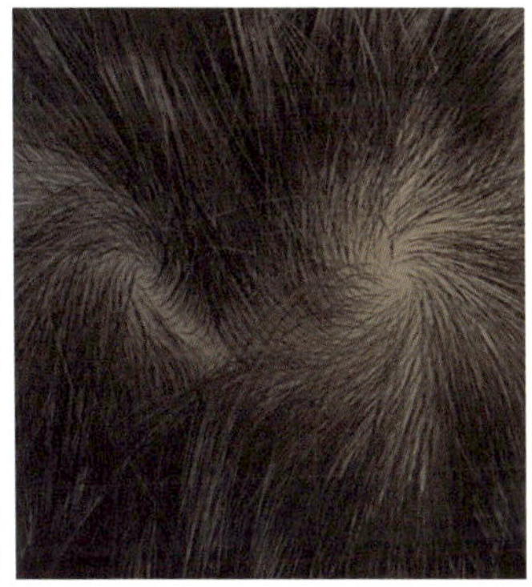
홀(whorl)	카우릭(cowlick)	더블 크라운(double crown)

② **가르마**

대부분의 사람들은 자연적인 가르마를 가지고 있으며, 그것을 따르면 쉽게 가르마를 탈 수 있다. 자연적인 가르마는 샴푸 후 가르마의 위치를 손님에게 묻고, 빗살 간격이 좋은 빗을 사용하여 빗질한 후, 이 부분을 앞 쪽으로 약간 밀어보았을 때 자연스럽게 갈라지는 부분이다. 가마가 어느 쪽에 있는지 찾아보고 왼쪽에 있으며 왼쪽 가르마를, 오른쪽에 있으면 오른쪽 가르마를 타면 된다. 특히 머리카락을 가름으로써 헤어디자인을 만드는 데 있어 모발의 양을 분할하며, 시각적인 효과와 미적 효과를 높일 수 있다.

③ **네이프(nape) 헤어라인**

네이프 헤어라인은 목덜미 부분의 모발을 말하는 것으로 위, 아래, 옆으로 자라나오는 모발의 방향을 잘 살펴보아야 한다. 특히 짧은 스타일을 디자인 할 때 주의하여야 하며, 목의 모양에 따라 달라질 수 있으므로 목의 모양과 어울리게 디자인되어야 한다.

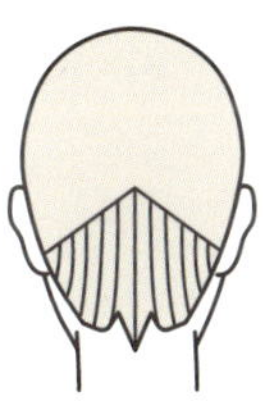	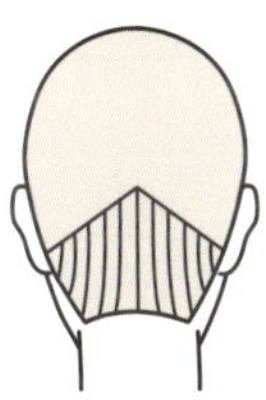	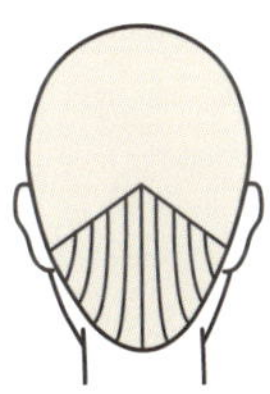	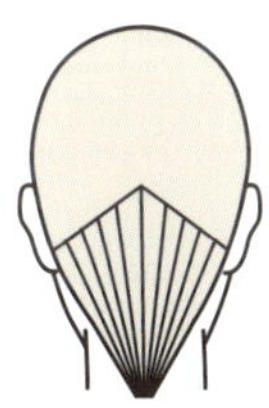	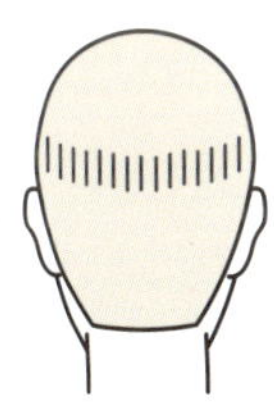
W형	A형	U형	큐피트형	남성형

(5) 삶의 양식

레포츠를 좋아하는 사람들에게는 쉽게 손질할 수 있는 스타일을 권유한다. 쾌활한 고객에게는 다양한 스타일을 제시하고 시술할 수 있지만, 조용하고 말이 없는 고객에게는 너무 앞서가는 스타일을 피하는 것이 좋다. 고객과 대화할 때 집중하여 경청하며 그들의 취미, 성격, 관심사 등을 파악하는 것이 중요하다.

MEMO

MEMO

02 실전대비 기초편 I

Haircut Workbook

1 두상의 포인트(head point)

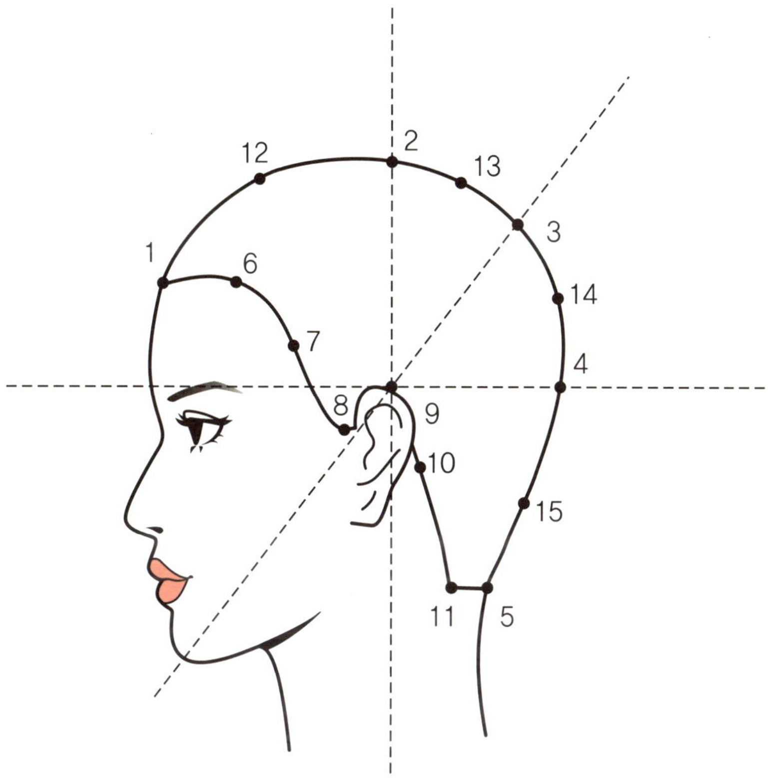

두상의 15가지 포인트

① c.p	센터 포인트 (Center point)	⑨ E.P	이어 포인트 (Ear point)
② T.P	탑 포인트 (Top point)	⑩ E.B.P	이어 백 포인트 (Ear back point)
③ G.P	골덴 포인트 (Golden point)	⑪ N.S.P	네이프 사이드 포인트 (Nape side point)
④ B.P	백 포인트 (Back point)	⑫ C.T.M.P	센터 탑 미디엄 포인트 (Cente top medium point)
⑤ N.P	네이프 포인트 (Nape point)	⑬ T.G.M.P	탑 골덴 미디엄 포인트 (Top golden medium point)
⑥ F.S.P	프론트 사이드 포인트 (Front side point)	⑭ G.B.M.P	골덴 백 미디엄 포인트 (Golden back medium point)
⑦ S.P	사이드 포인트 (Side point)	⑮ B.N.M.P	백 네이프 미디엄 포인트 (Back nape medium point)
⑧ S.C.P	사이드 코너 포인트 (Side corner point)		

두상의 15가지 포인트 상세 위치

① c.p	센터 포인트 (Center point)	이마의 페이스라인 정중앙
② T.P	탑 포인트 (Top point)	두정부의 중앙으로 두상에서 제일 높이 솟은 곳
③ G.P	골덴 포인트 (Golden point)	탑 포인트에서 백 포인트로 이어지는 두상에서 움푹 들어간 곳
④ B.P	백 포인트 (Back point)	후두부의 중앙으로 백에서 제일 튀어나온 곳
⑤ N.P	네이프 포인트 (Nape point)	목덜미 중앙
⑥ F.S.P	프론트 사이드 포인트 (Front side point)	이마 양쪽의 관자놀이 위에 움푹 들어간 곳
⑦ S.P	사이드 포인트 (Side point)	측두부 페이스라인의 정중앙
⑧ S.C.P	사이드 코너 포인트 (Side corner point)	귓바퀴가 시작되는 곳으로 측두부 헤어 라인의 끝
⑨ E.P	이어 포인트 (Ear Point)	귀에서 제일 높은 곳
⑩ E.B.P	이어 백 포인트 (Ear Back Point)	귓바퀴 뒷면의 정중앙
⑪ N.S.P	네이프 사이드 포인트 (Nape side point)	목 뒷선의 양 끝
⑫ C.T.M.P	센터 탑 미디엄 포인트 (Cente Top Medium Point)	센터 포인트와 탑 포인트의 중앙
⑬ T.G.M.P	탑 골덴 미디엄 포인트 (Top Golden Medium Point)	탑 포인트와 골덴 포인트의 중앙
⑭ G.B.M.P	골덴 백 미디엄 포인트 (Golden Bback Medium Point)	골덴 포인트와 백 포인트의 중앙
⑮ B.N.M.P	백 네이프 미디엄 포인트 (Back Nape Medium Point)	백 포인트와 네이프 포인트의 중앙

두상의 15가지 포인트

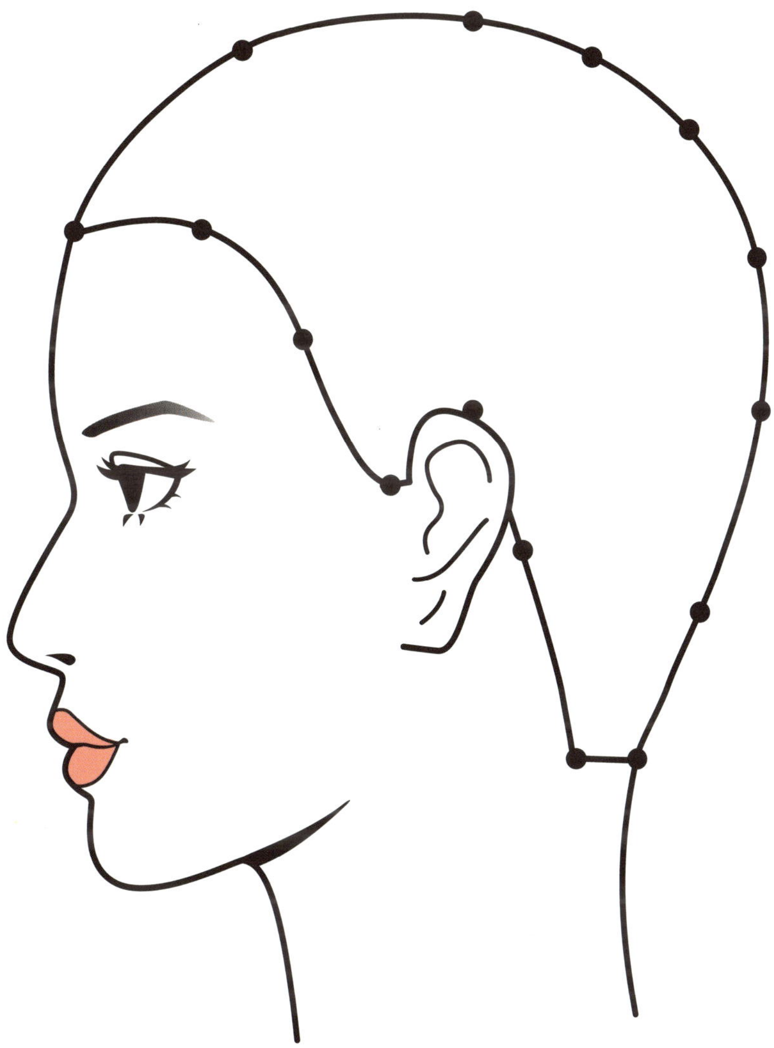

※두상의 포인트에 번호와 명칭을 적어 봅시다.

두상의 15가지 포인트를 적어 봅시다.

①		
②		
③		
④		
⑤		
⑥		
⑦		
⑧		
⑨		
⑩		
⑪		
⑫		
⑬		
⑭		
⑮		

2 두상의 라인

1) 헴 기본 라인

커트에 있어 두상의 포인트와 포인트의 연결선이다. 두상의 위치에 따라 곡선, 직선이 생기며, 두상에서의 선은 머리가 나기 시작하는 부분과 얼굴과의 경계라인, 헴 라인과 구역을 세분화한 라인이 있다.

헴 라인 **(hem line)**	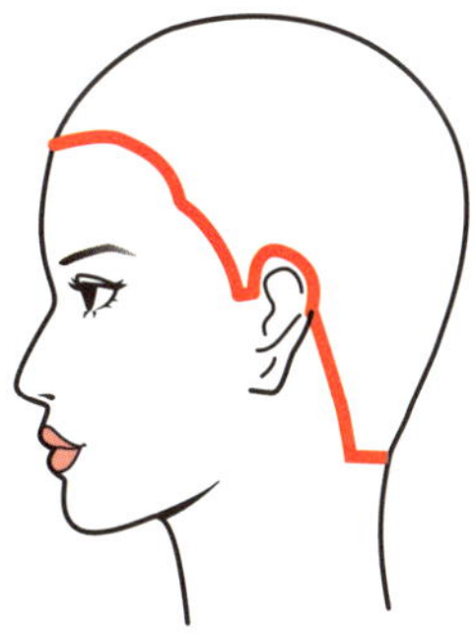	• 헴(hem)은 '가장자리', '경계' 라는 의미 • 모발이 나기 시작한 부분과 나지 않는 부분의 경계선
페이스 라인 **(face line)**	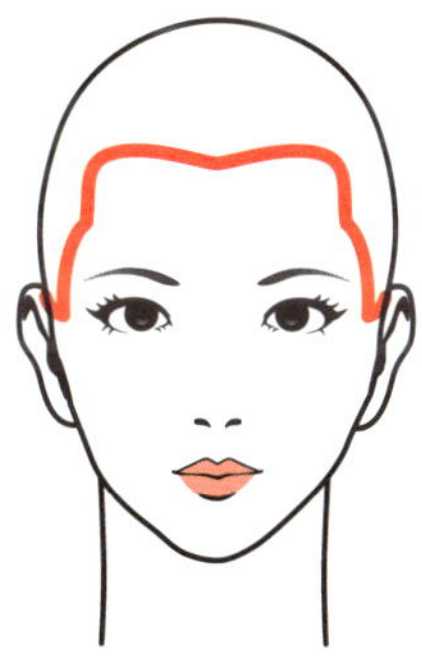	• 얼굴 정면을 보았을 때 보이는 라인 • 센터 포인트(C.P)에서 양쪽 사이드 코너 포인트(S.C.P)까지의 연결선 • 페이스 라인 모발은 얼굴 이미지에 영향을 준다.
이어 라인 **(ear line)**	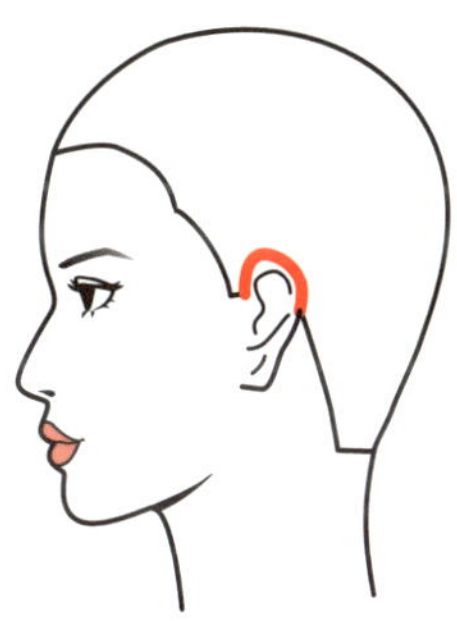	• 얼굴의 측면을 보았을 때 사이드 코너 포인트(S.C.P)에서 이어 백 포인트(E.B.P)까지의 연결선
네이프 라인 **(nape line)**	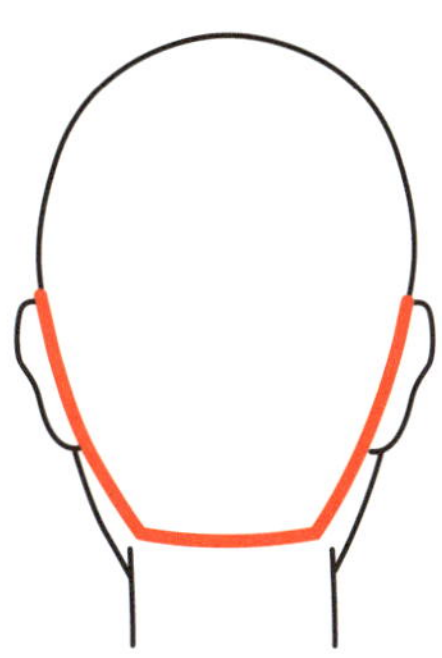	• 두상을 뒤에서 보았을 때 이어 백 포인트(E.B.P)에서 반대편 이어 백 포인트(E.B.P)까지 연결된 선 • 네이프 라인 주변 모발은 모발의 길이와 후두부 헤어 라인을 표현

※해당되는 두상의 헴 기본 라인을 그려봅시다.

헴 라인 (hem line)	페이스 라인 (face line)

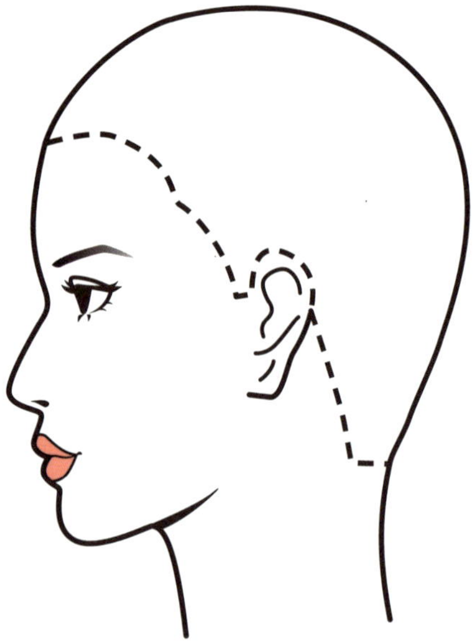

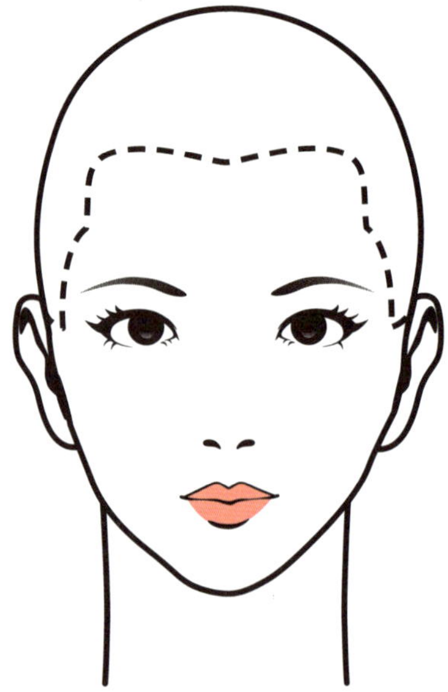

이어 라인 (ear line)	네이프 라인 (nape line)

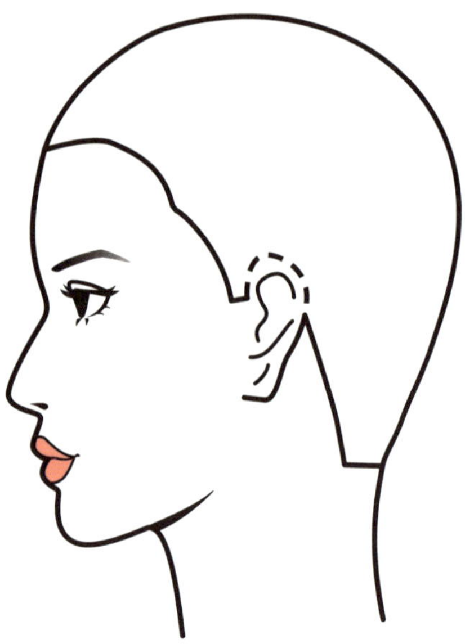

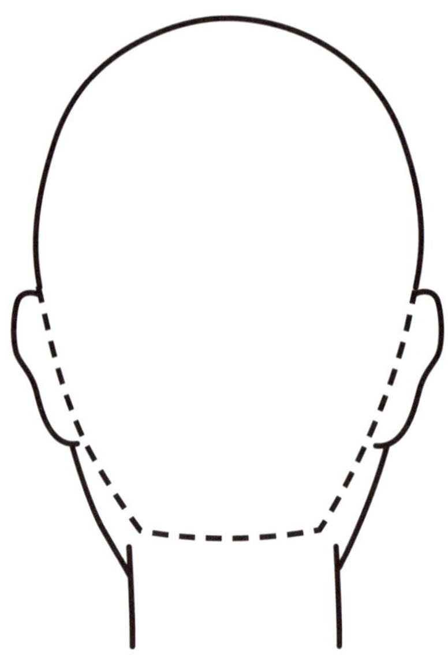

2) 두상의 기본 라인

센터 라인 (center line, 정중선)	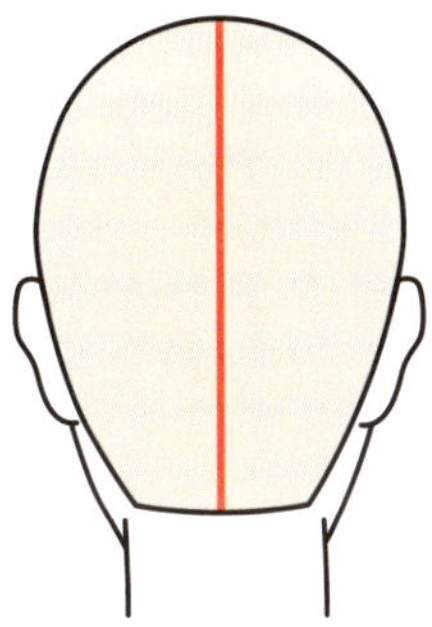	• 코를 중심으로 두상의 C.P, T.P, G.P, B.P, N.P 까지 좌, 우를 수직 2등분으로 연결하는 선
이어 투 이어 라인 (ear to ear line, 측중선)	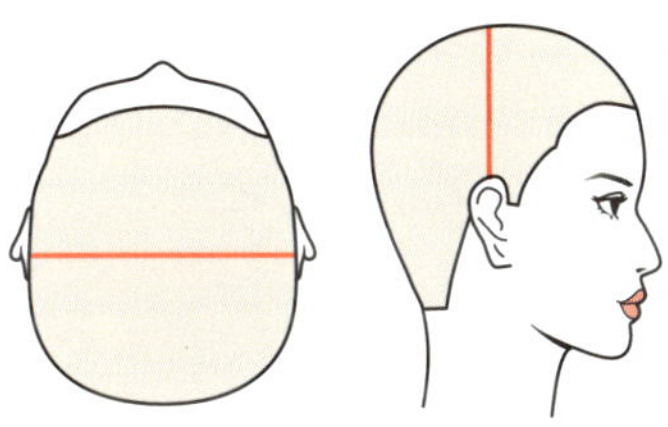	• 얼굴을 기준으로 앞 · 뒤를 나누는 선
호리존탈 라인 (horizontal line, 수평선)	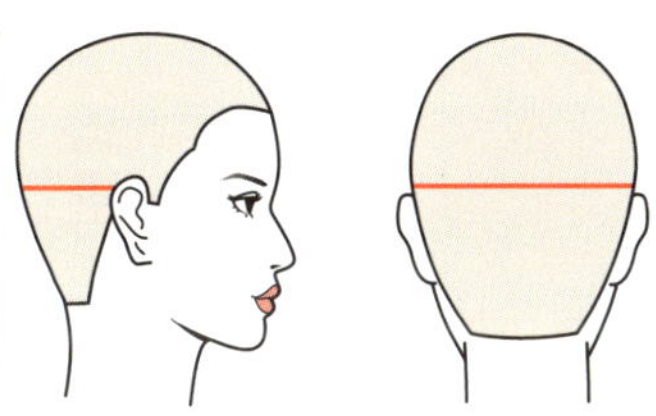	• 오른쪽 E.P에서 B.P를 지나 왼쪽 E.P까지 상, 하로 2등분으로 나누는 선
U 라인 (U line, 측두선)	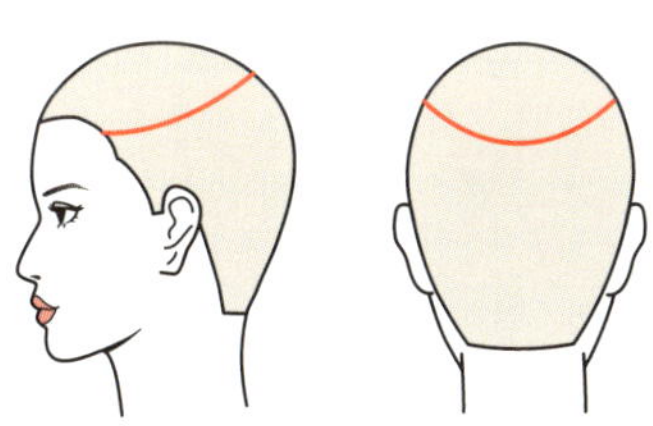	• 오른쪽 F.S.P에서 T.G.M.P를 지나 왼쪽 F.S.P로 연결한 선

※해당되는 두상의 헴 기본 라인을 그려봅시다.

센터 라인 (center line, 정중선)	이어 투 이어 라인 (ear to ear line, 측중선)
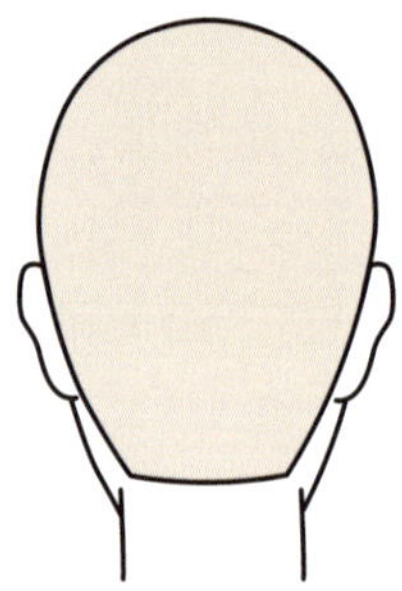	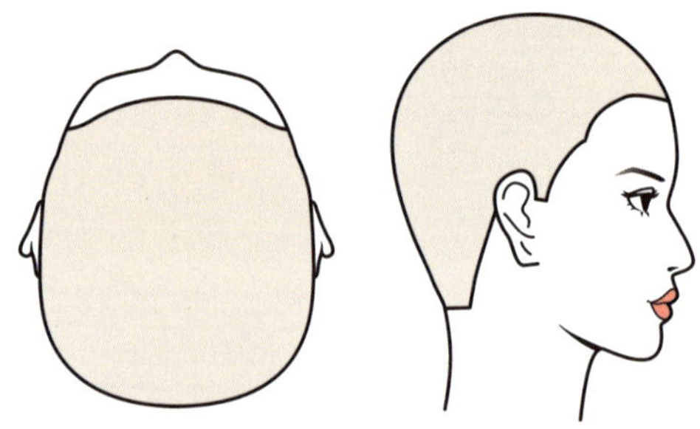

호리존탈 라인 (horizontal line, 수평선)	U 라인 (U line, 측두선)
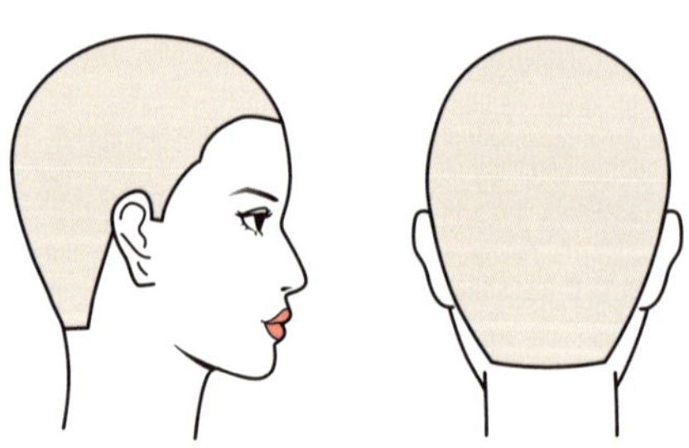	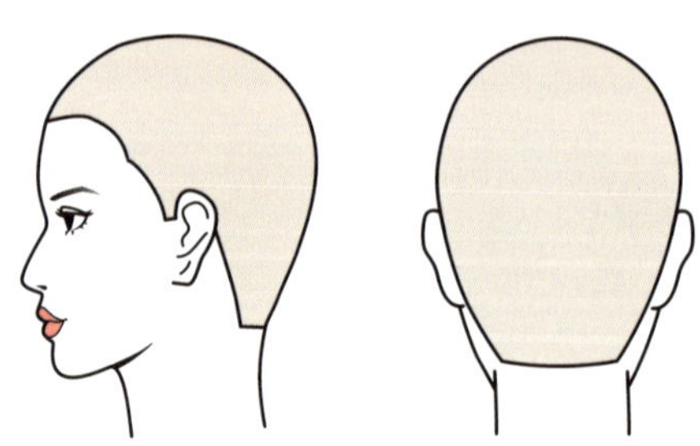

3 커트절차

커트의 절차는 총 7단계로 나누어지며, 7가지 커트 절차는 커트 결과를 예측 가능하게 만들어 줄 수 있다.

1

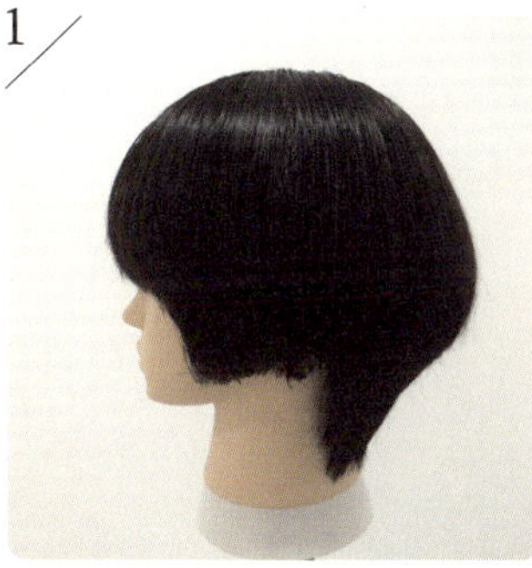

준비

2

1단계: 섹션나누기

3

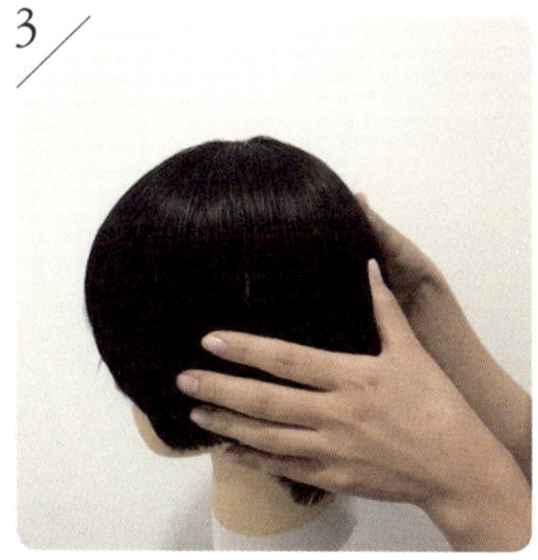

2단계: 머리위치

4

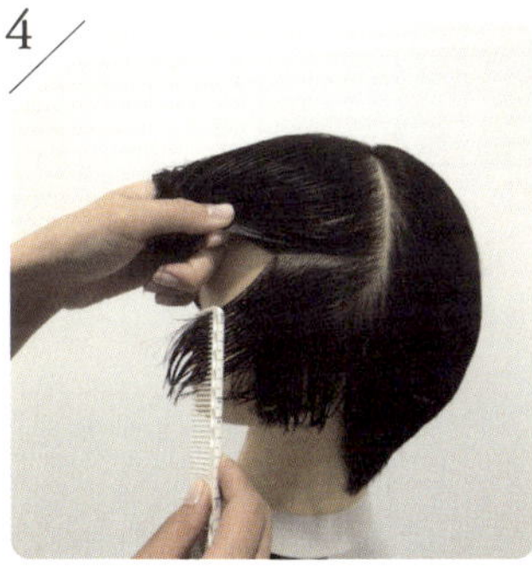

3단계: 파팅

5

4단계: 분배

6

5단계: 시술각

7

6단계: 손가락/가위 위치

8

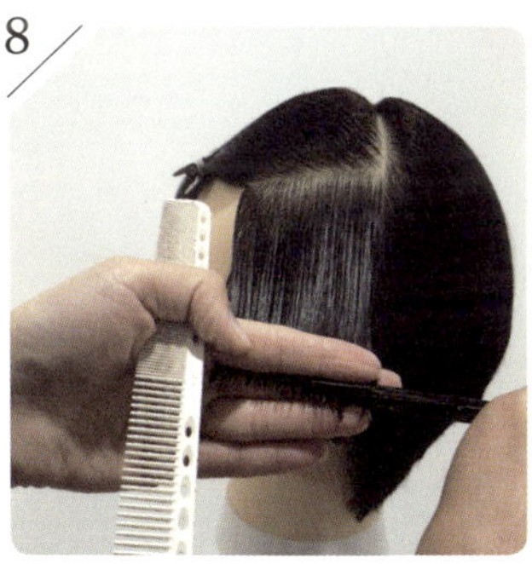

7단계: 디자인라인

1) 섹션 나누기(sectioning)

커트하기 전, 시술을 용이하게 하기 위해서 두상을 커트형과 관련하여 디자인 라인을 결정하기 위해서 두상을 크게 나누는 것으로 좌/우 대칭, 균형, 비율 등을 고려해야 한다.

섹션 나누기 (sectioning)	• 디자인 라인, 파팅, 시술각, 분배에 따라 결정 • 혼합형일 경우, 다른 형과 비율의 관계로 섹션을 나눈다. • 의도된 디자인, 고객의 두상, 모발의 자연 성장방향 등에 관련됨	
2등분	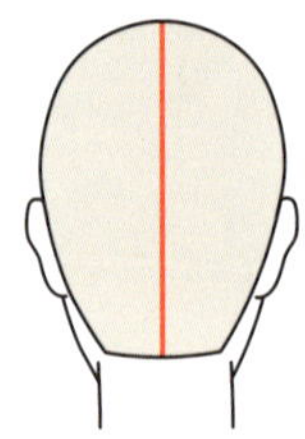	• 센터파트(center part) 정중선을 기준으로 좌 · 우가 동일하게 대칭이 되도록 나누는 것을 말한다.
	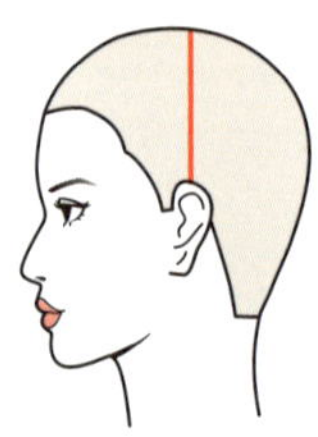	• 이어 투 이어 파트(ear to ear part) 얼굴 방향의 디자인과 얼굴반대 방향의 디자인이 서로 다른 스타일을 시술할 때 사용된다.
	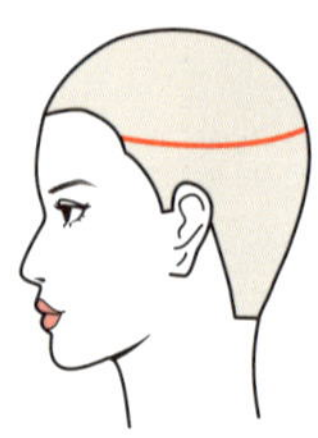	• 템플 투 템플 파트(temple to temple part) 2파트로 상 · 하로 나누고, 크레스트(crest)를 기준으로 인테리어(interior)와 엑스테리어(exterior)로 나눈다. * 크레스트 부분(crest area) 두상의 가장 넓은부분
3등분	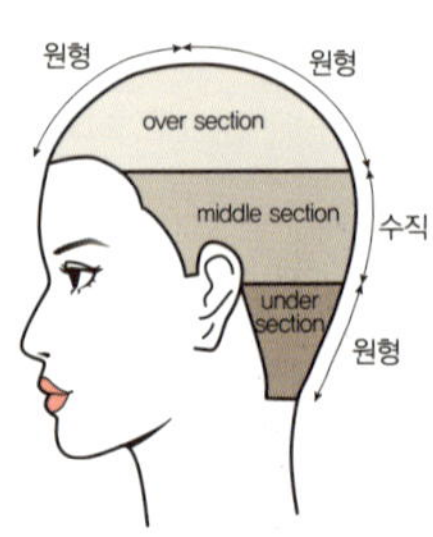	• 2파트에 비해 조금 더 정밀하고 정확한 커트 시술할 때 사용된다. • 섹션은 크게 오버 섹션(over section), 미들 섹션(middle section), 언더 섹션(under section)으로 나눌 수 있다.
4등분	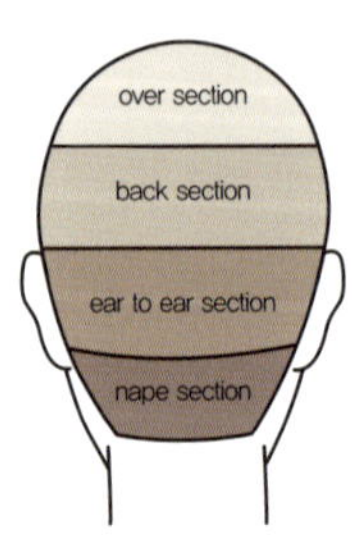	• 3파트에 비해 정밀한 커트를 시술할 때 사용되며, 언더 부분을 조금 더 세분화한 파트이다.

2) 두상의 위치(head position)

모발의 질감(texture)과 방향(direction)에 영향을 주어 모발의 분배에 직접적으로 영향을 미치는 요소이다.

똑바로 (standard position)	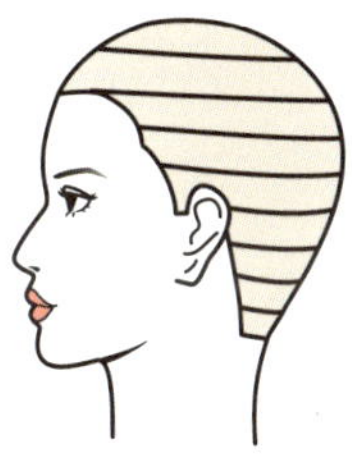	• 가장 자연스럽고 고른 효과
기울임 (tilted position)	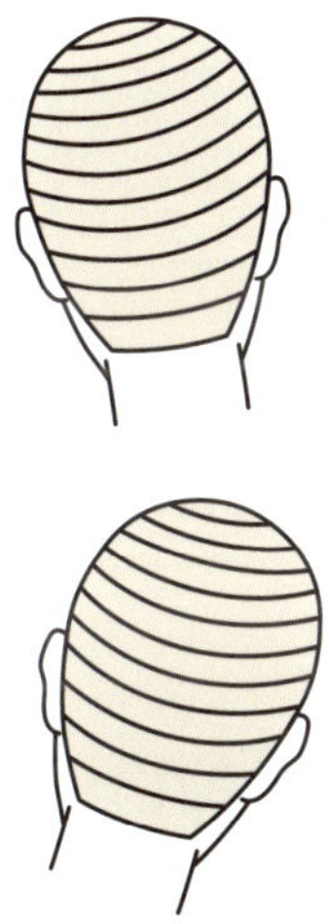	• 옆 기울임(left / right) • 형태선의 쉬운 마무리를 위해 사용
앞 숙임 (down position)	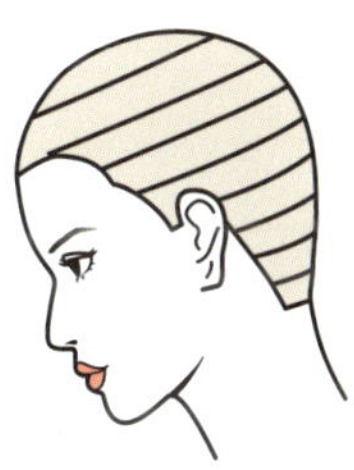	• 주로 형태선의 끝 마무리로 많이 사용 • 모발이 약간씩 안으로 말려 들어감 • 속마름 효과(솔리드형)

3) 파팅(parting)

커트를 정확하고 효과적으로 하기 위해 sectioning한 모발을 커트하기에 적절하게 소구분하는 것으로 분배, 손가락 위치, 디자인 라인(D/L)과 관계성이 높다.

수평 (horizontal parting)	전대각 (concave parting)	후대각 (convex parting)
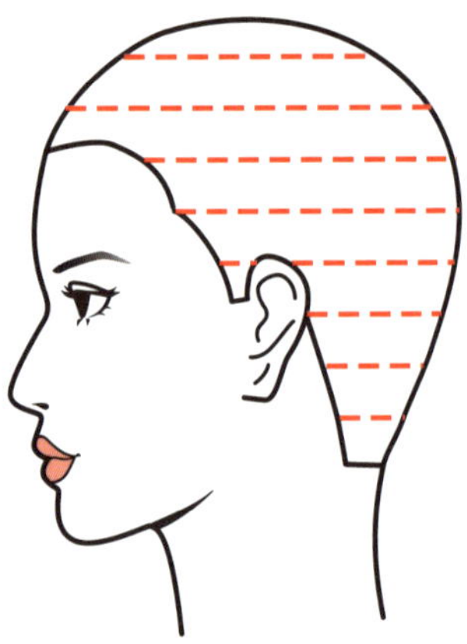	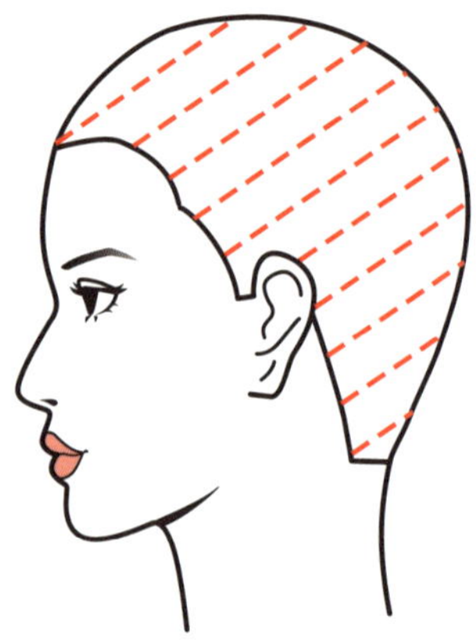	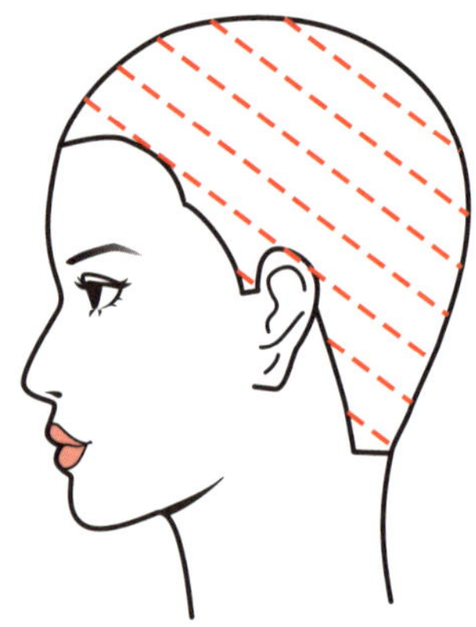
원랭스 등 가로 라인을 강조하는 스타일을 만들고 싶을 때 사용한다.	그래쥬에이션 등 둥근 머리에 맞추어 앞으로 흐름을 만들고 싶을 때 사용한다.	그래쥬에이션 등 둥근 머리에 맞추어 뒤로 흐름을 만들고 싶을 때 사용한다.

수직 (vertical parting)	피봇 (pivot parting)	수직+피봇 (vertical+pivot parting)
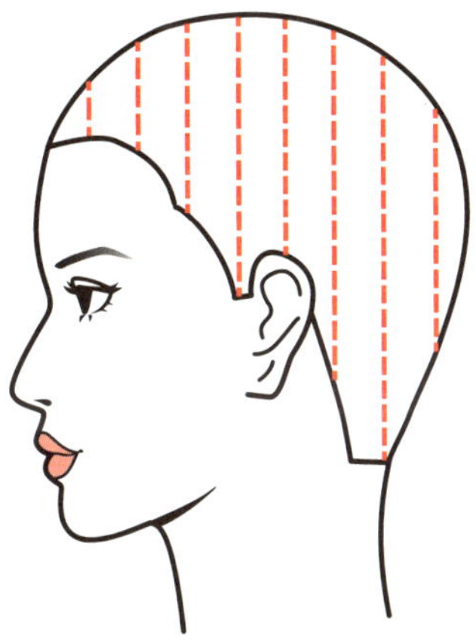	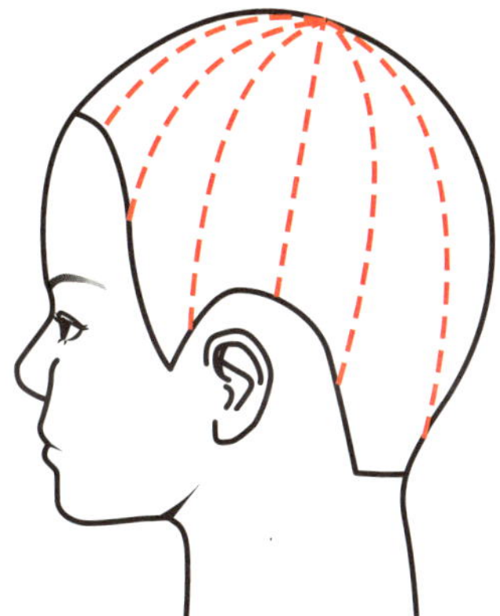	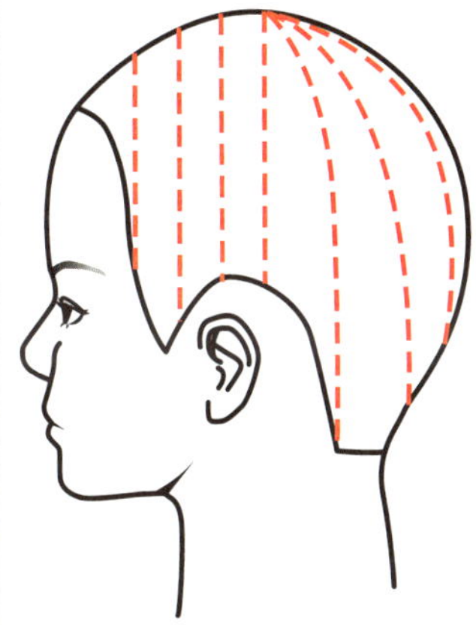
레이어 등 넓은 범위에 단차를 주어 경쾌함과 율동을 내고 싶을 때 사용한다.	수직파팅을 응용한 것으로 탑 포인트(T.P)에서 방사선으로 균등하게 분할하는 것으로 두정부(크라운, crown)를 쉽게 시술하고 싶을 때 사용한다.	두상의 위치에 따라 수직 파팅과 피봇 파팅을 혼합하여 응용할 수 있다.
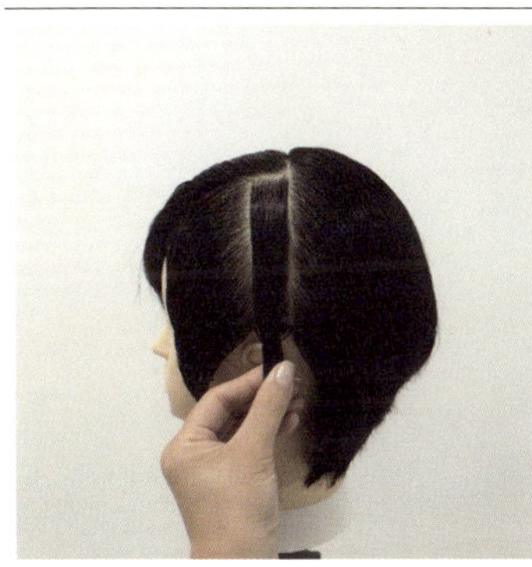	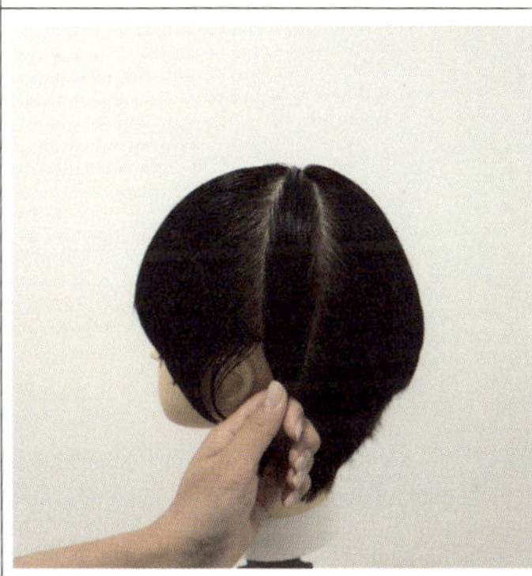	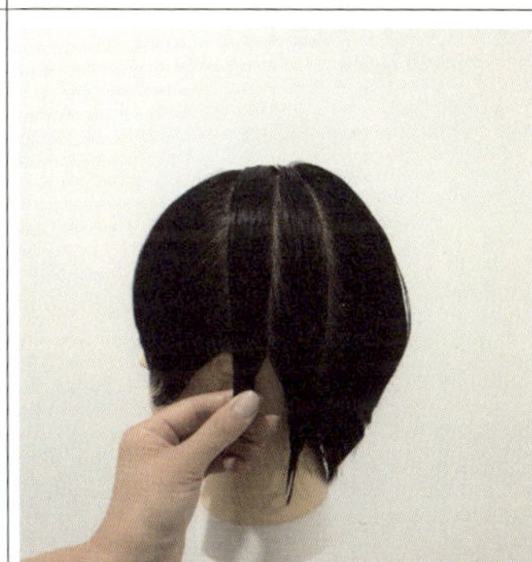

(1) 수평(horizontal parting)

수평 (horizontal parting)

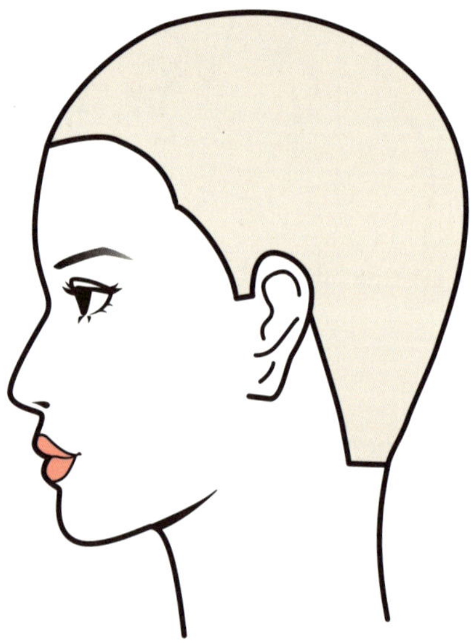

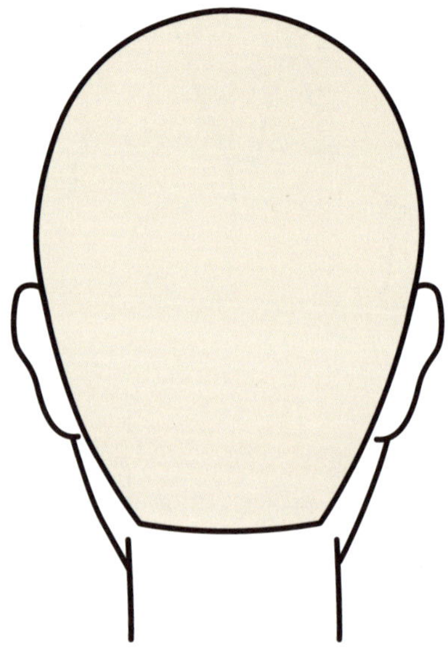

사진 붙이는 곳	사진 붙이는 곳

※위 헤드에 그려보고, 실제 민두에 실습하여 사진을 붙여 봅시다.

(2) 전대각(concave parting)

전대각(concave parting)

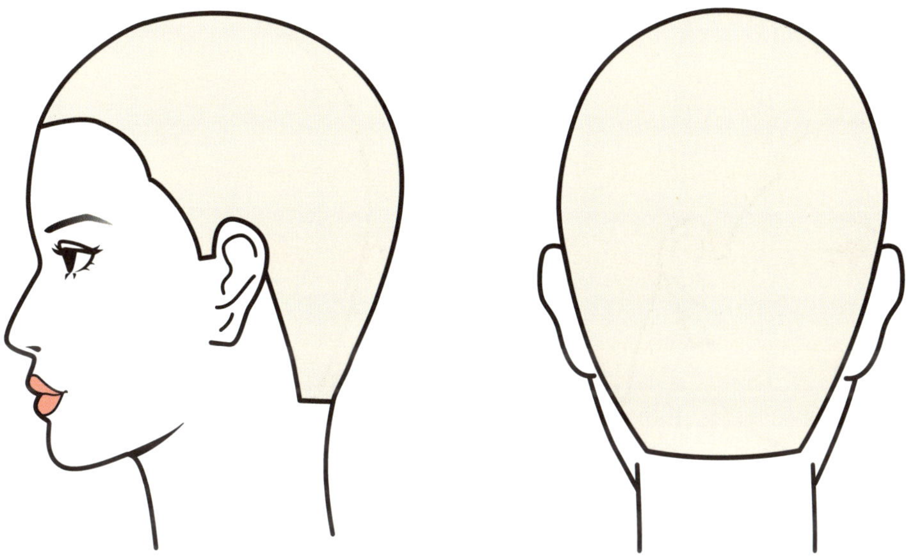

사진 붙이는 곳	사진 붙이는 곳

※위 헤드에 그려보고, 실제 민두에 실습하여 사진을 붙여 봅시다.

(3) 후대각(convex parting)

후대각(convex parting)

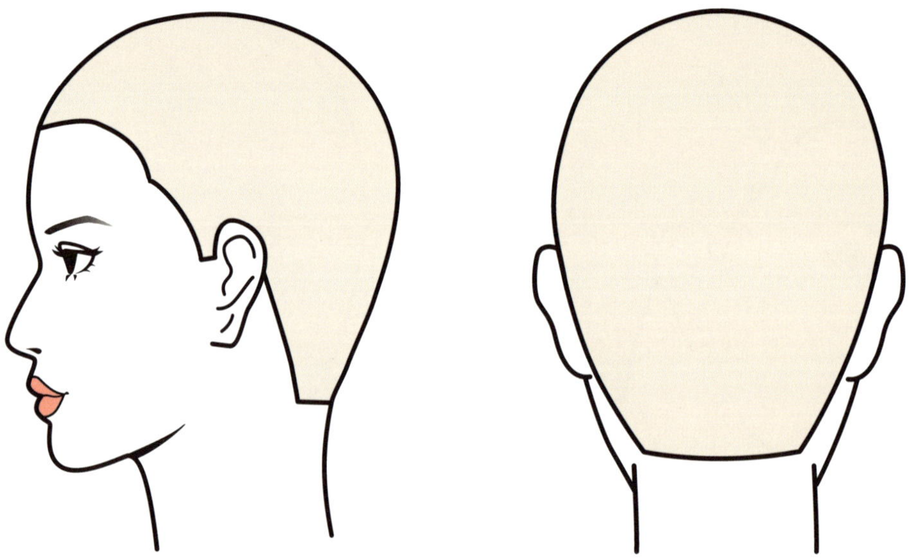

사진 붙이는 곳	사진 붙이는 곳

※위 헤드에 그려보고, 실제 민두에 실습하여 사진을 붙여 봅시다.

(4) 수직(vertical parting)

수직(vertical parting)

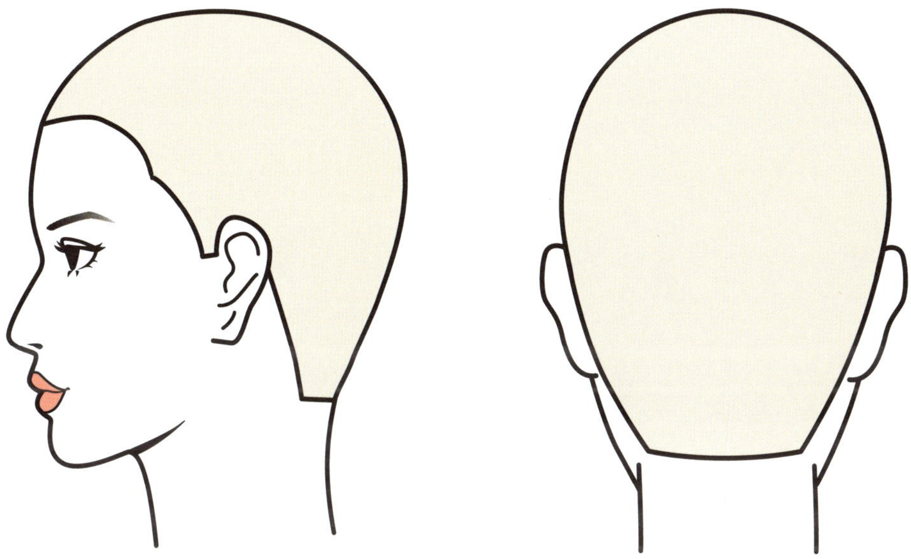

사진 붙이는 곳	사진 붙이는 곳

※위 헤드에 그려보고, 실제 민두에 실습하여 사진을 붙여 봅시다.

(5) 피봇(pivot parting)

피봇(pivot parting)

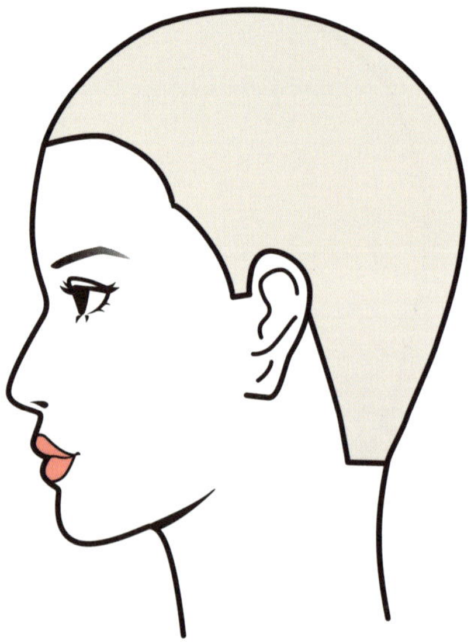

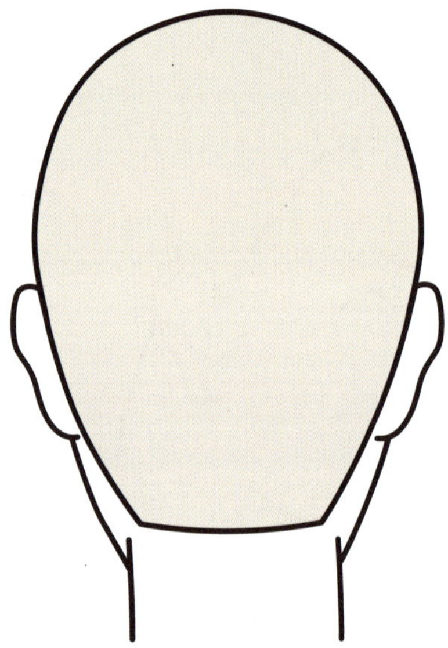

사진 붙이는 곳	사진 붙이는 곳

※위 헤드에 그려보고, 실제 민두에 실습하여 사진을 붙여 봅시다.

(6) 수직+피봇(vertical+pivot parting)

수직+피봇(vertical+pivot parting)

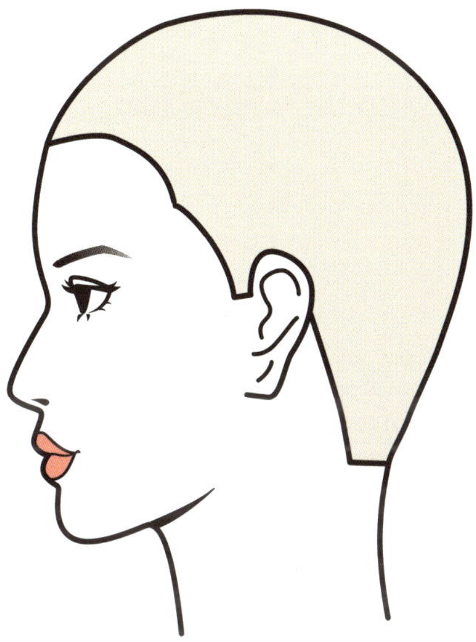

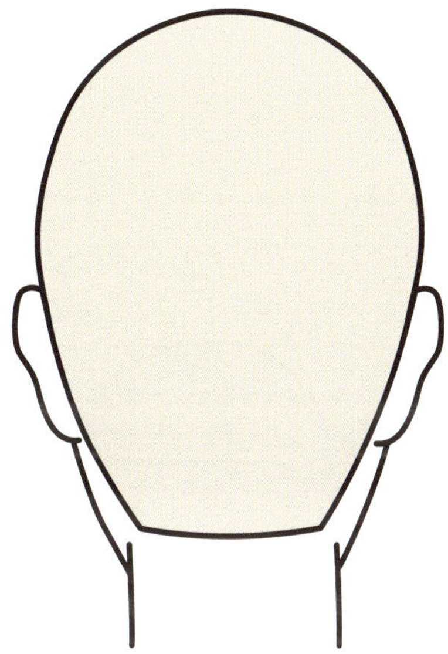

사진 붙이는 곳	사진 붙이는 곳

※위 헤드에 그려보고, 실제 민두에 실습하여 사진을 붙여 봅시다.

4) 분배(distribution, 빗질방향)

파팅선에서 머리를 빗어 내리는 방향 즉, 빗질의 방향을 말한다.

자연분배 (natural distribution)	직각(수직)분배 (perpendicular distribution)
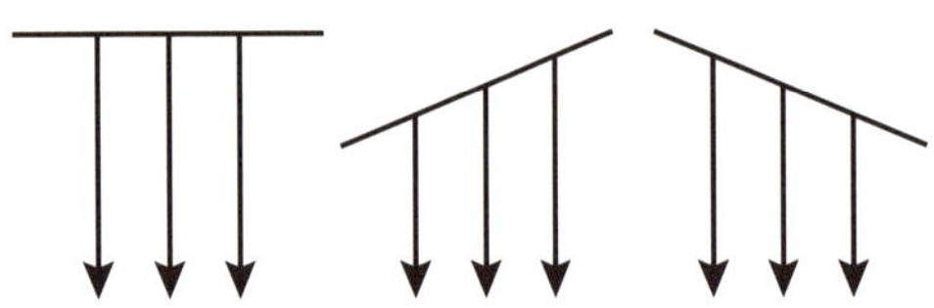 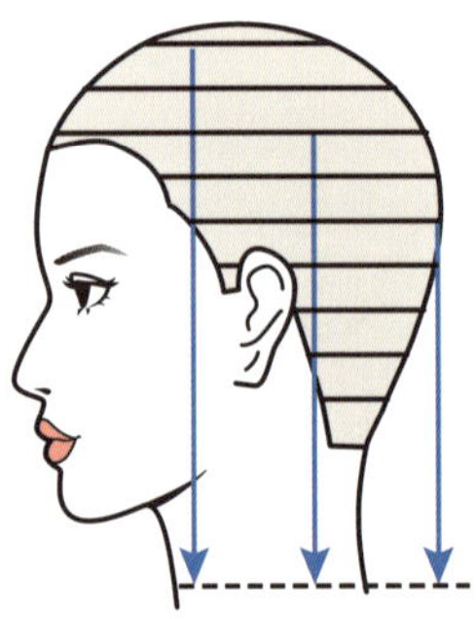	 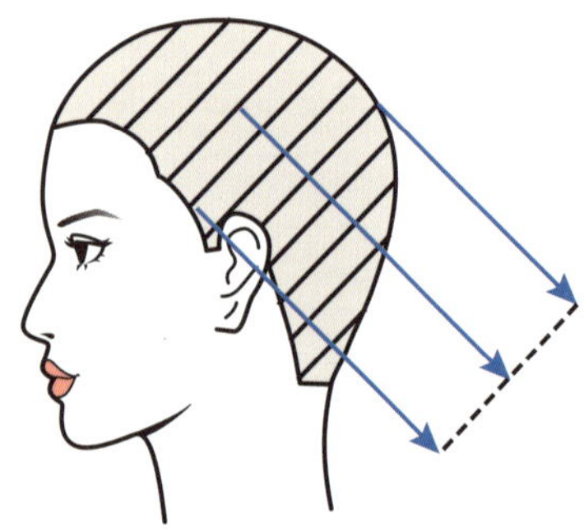

• 중력의 방향으로 분배 • 솔리드, 그래쥬에이션 사용 • 자연스럽게 떨어지는 방향으로 빗질	• 파팅선에서 직각(수직, 90°)으로 분배 • 수평, 대각, 수직 파팅에서 사용

변이분배 (shifted distribution)	방향분배 (directional distribution)
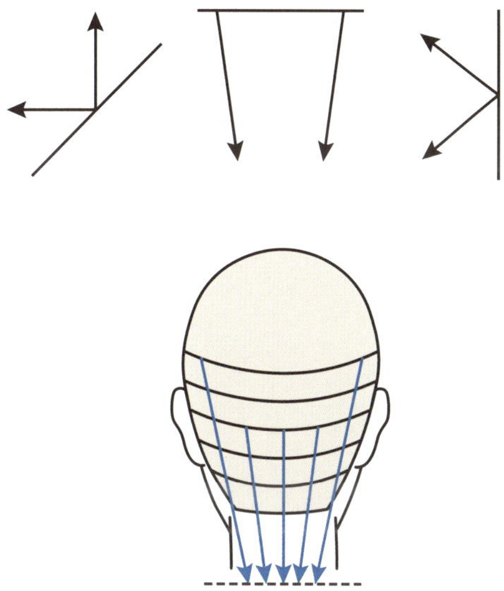	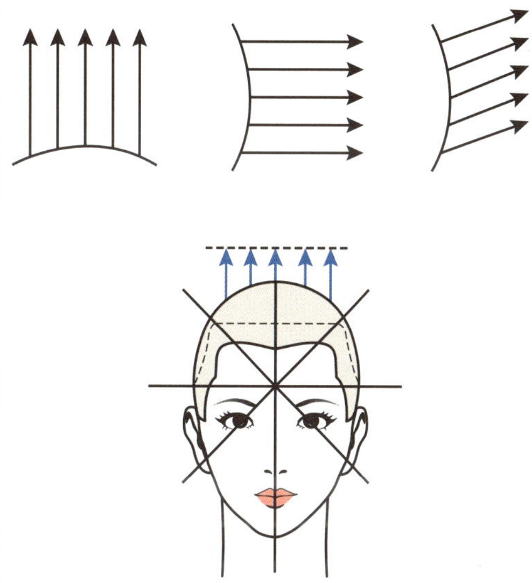
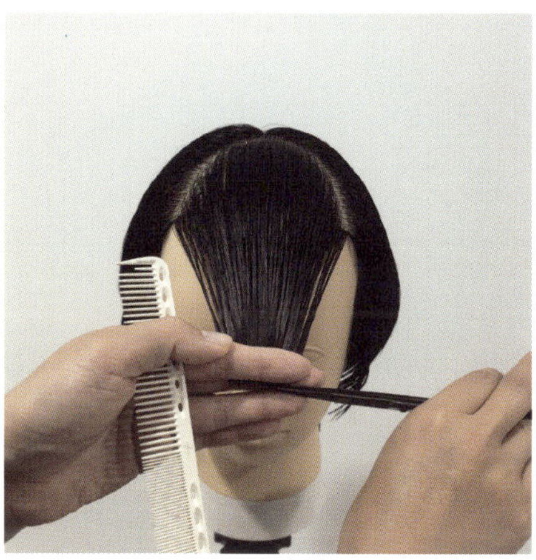	
• 자연분배와 직각(수직)분배를 제외한 분배 • 긴 머리와 짧은 머리 연결할 때 사용	• 파팅과 상관없이 한 방향으로 분배

5) 시술각(projection)

두상의 곡면으로부터 모발을 들어 올리는 각도이다.

(1) 시술각의 종류

<table>
<tr><td rowspan="2">자연 시술각
(natural projection)</td><td>• 모발이 중력에 의해 자연스럽게 떨어지는 그 방향의 방향을 0°의 각도로 사용
• 솔리드, 그래쥬에이션</td></tr>
<tr><td>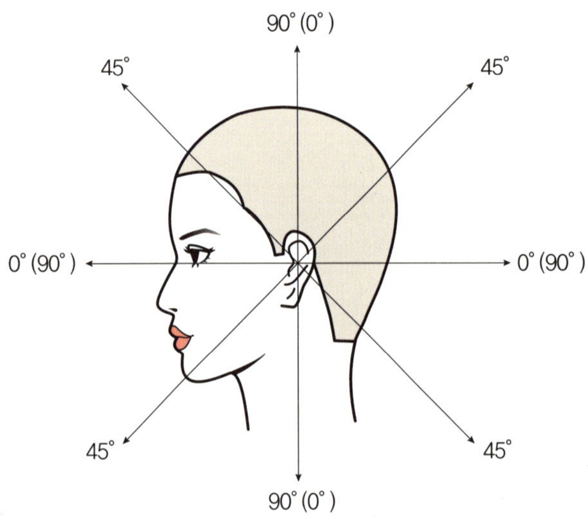
</td></tr>
<tr><td rowspan="2">일반 시술각
(normal projection)</td><td>• 두상으로부터 모든 모발을 90°의 각도로 들어 올린 상태
• 두상의 곡면으로부터의 각도를 사용
• 인크리스, 유니폼</td></tr>
<tr><td>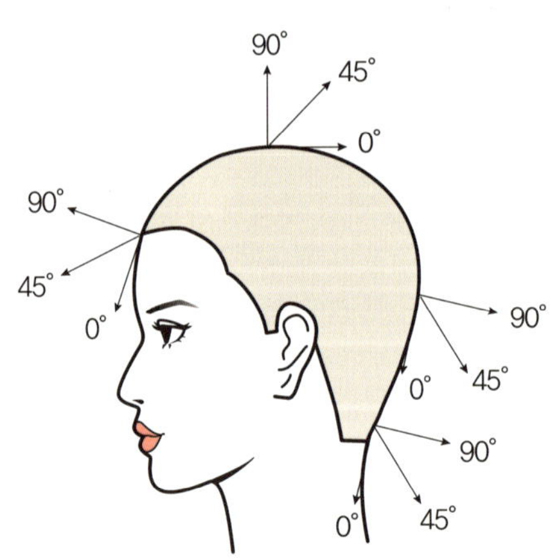
</td></tr>
</table>

(2) 시술각에 따른 커트의 종류

구분	그림	시술각
솔리드 **(solid)**	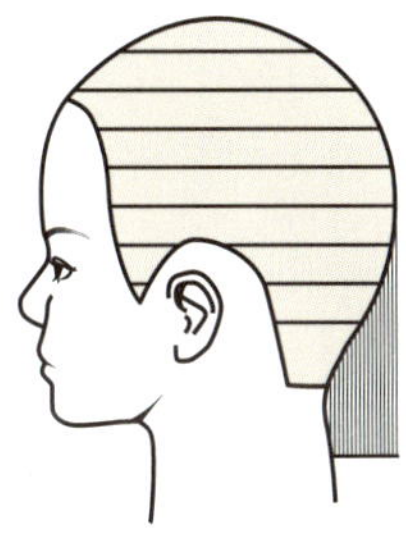	• 0° 또는 자연 시술각 기준
그래쥬에이션 **(graduation)**	• 0°~90° 또는 자연 시술각 기준	
	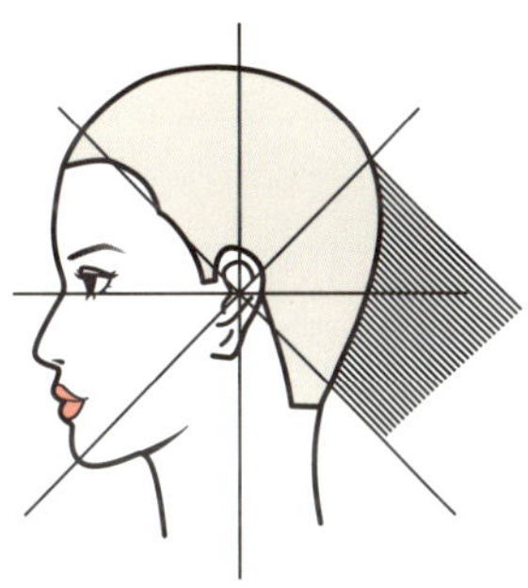	– 낮은 시술각 : 1°~30°
	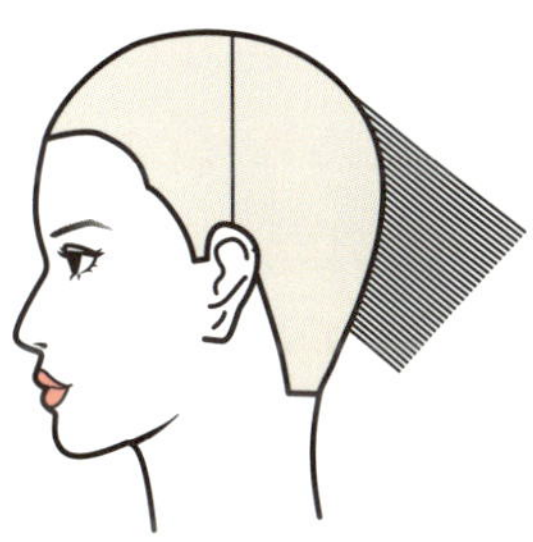	– 중간 시술각 : 30°~60°
	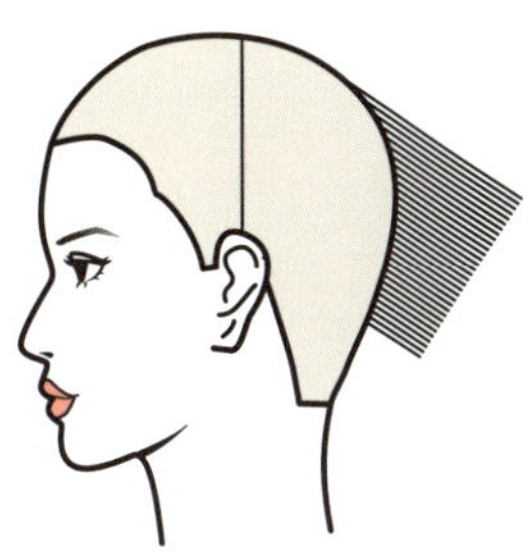	– 높은 시술각 : 60°~90°

인크리스 (increase)	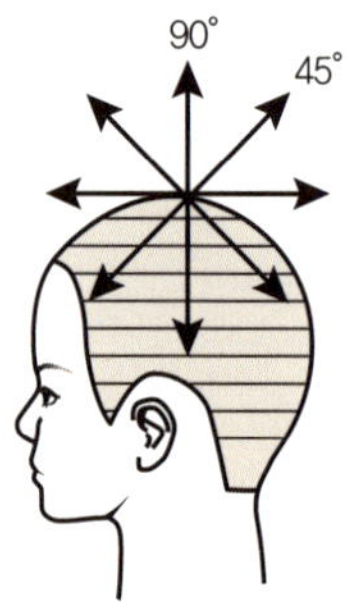	• 0°, 45°, 90° 전환, 집중 레이어링 기법 사용 • 일반 시술각 기준
유니폼 (uniform)	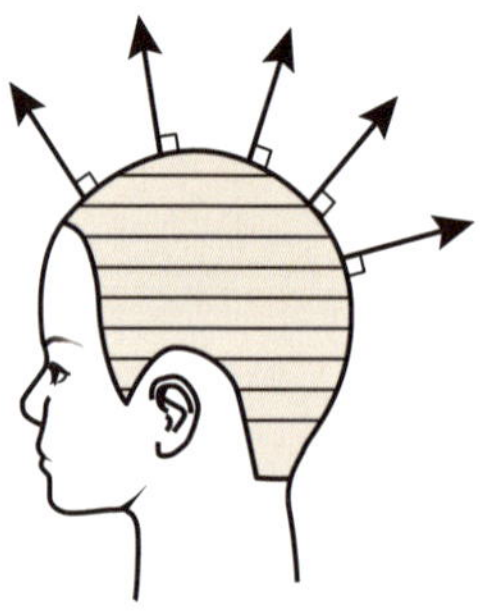	• 일정한 길이로 90° • 일반 시술각 기준

6) 손가락/가위의 위치(finger/scissors position)

베이스 파팅에 대한 손가락의 위치와 선, 이 때 손가락은 디자인 라인이 보이도록 위치한다.

평행 손가락 자세 (parallel finger position)	비평행 손가락 자세 (nonparallel finger position)
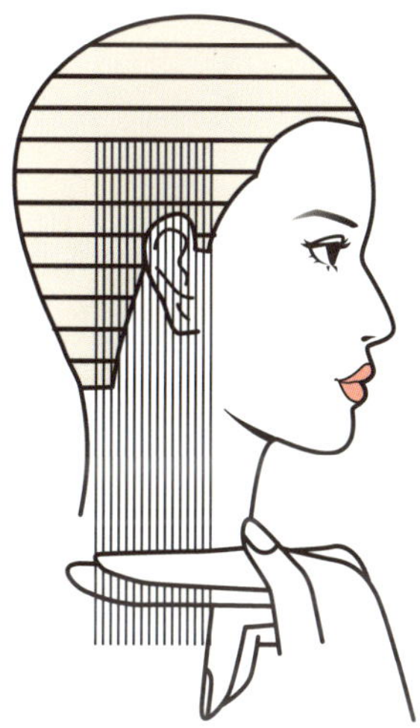	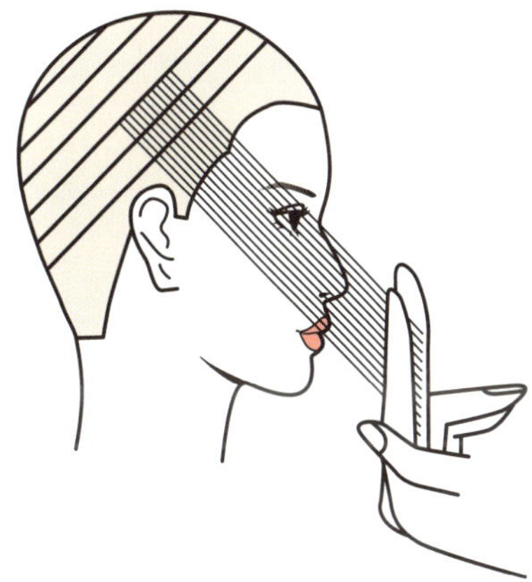
	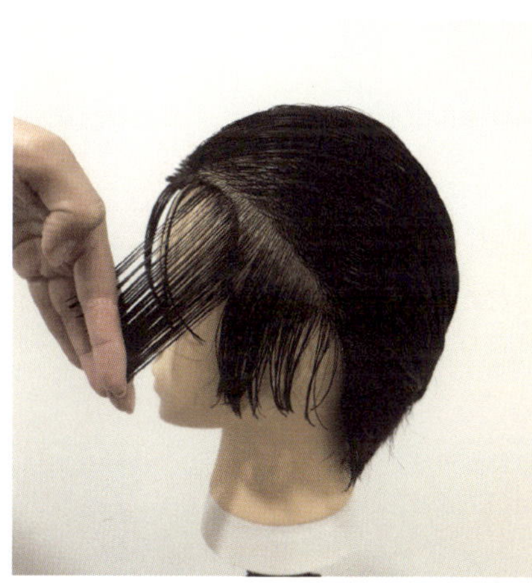
• 기본파팅, 손가락, 가위 모두가 평행 • 의도된 선을 가장 완벽하게 만들 수 있다.	• 베이스 파팅에 대해 손가락이 비평행하게 놓인 상태 • 과장된 길이 증가 • 대조되는 길이 간의 연결 • 무게감 형성 조절

7) 디자인 라인(design line)

커트할 때 사용되는 머리의 모양 패턴이나 길이의 가이드, 디자인 라인이 형태선이 될 수도 있다.

고정 디자인 라인 (stationary design line)	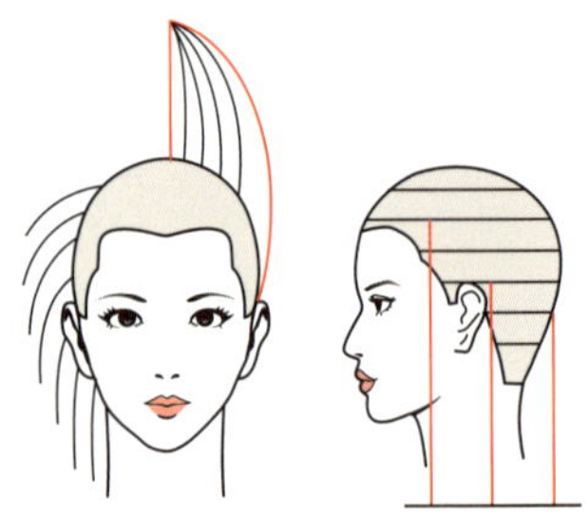	• 0˚, 45˚, 90˚ 전환, 집중 레이어링 기법 사용 • 일반 시술각 기준 예: 솔리드, 인크리스
이동 디자인 라인 (mobile design line)	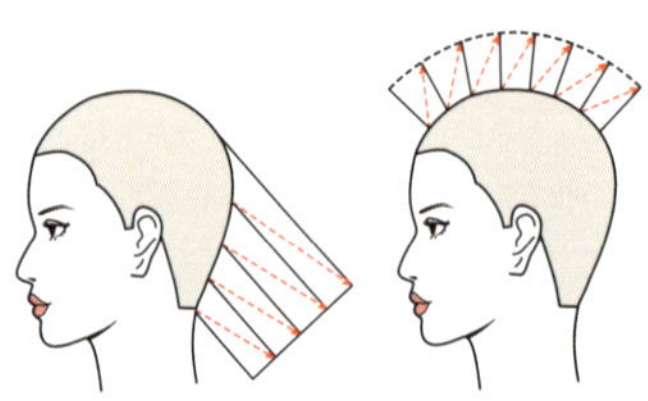	• 일정한 길이로 90˚ • 일반 시술각 기준 예: 레이어, 그래쥬에이션
다중 디자인 라인 (multi design line)	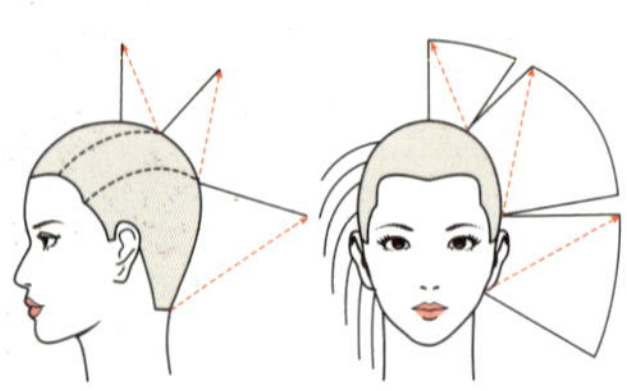	• 전체적으로 역동적인 머리 질감을 원하지 만엑스테리어 부분의 머리길이가 충분치 않을 때 새로운 디자인 라인을 만들어 사용 예: 인크리스, 디스커넥션

4 베이스(base)

베이스(base)는 섹션에 대한 판넬의 빗질 당김성을 이용하여 모발의 흐름을 만드는 것에 활용된다.

<table>
<tr><td>온 더 베이스
(on the base)</td><td>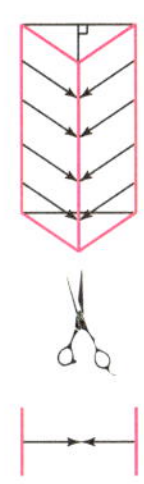</td><td>• 0˚, 45˚, 90˚ 전환, 집중 레이어링 기법 사용
• 일반 시술각 기준</td></tr>
<tr><td>사이드 베이스
(side base)</td><td>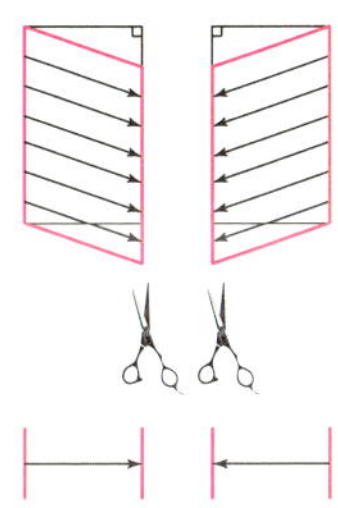</td><td>• 일정한 길이로 90˚
• 일반 시술각 기준</td></tr>
<tr><td>프리 베이스
(free base)</td><td>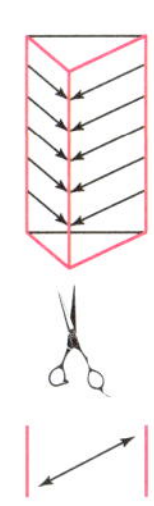</td><td>• 자연스럽게 길어지거나 자연스럽게 짧아지게 할 때 사용
• 온 더 베이스와 사이드 베이스의 중간 베이스
• 급격한 길이변화를 원하지 않을 때 사용</td></tr>
<tr><td>오프 더 베이스
(off the base)</td><td>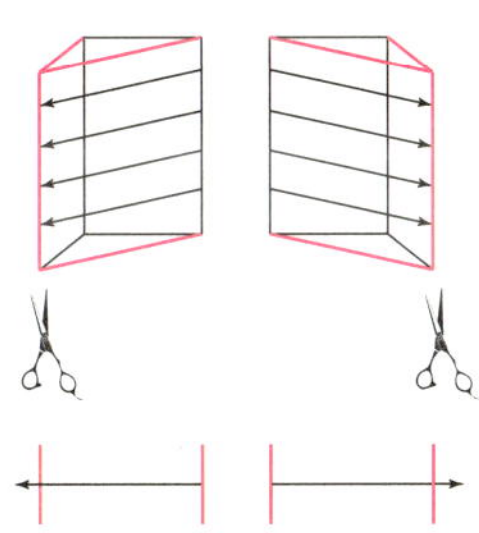</td><td>• 급격하게 길어지거나 급격하게 짧아지게 할 때 사용
• 급격한 길이변화를 원할 때 사용</td></tr>
<tr><td>트위스트 베이스
(twist base)</td><td>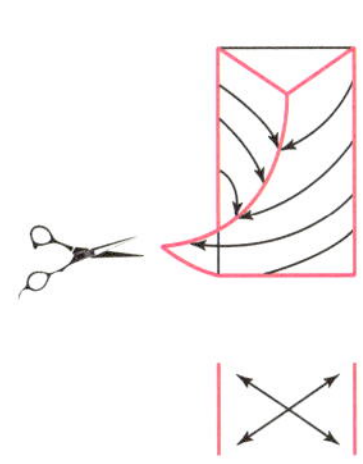</td><td>• 위의 베이스와 아래의 베이스를 꼬아서 커트하여 위의 길이와 아래의 길이가 다르게 커트 할 때 사용</td></tr>
</table>

MEMO

MEMO

03 실전대비 기초편 II

Haircut Workbook

1 가위와 빗의 특징

1) 가위의 특징

커트 가위는 유동 날과 고정 날이 있으며, 가동 날만 움직여 교정 날과 교차된 곳에서 모발이 잘리는 것이 최대의 특징이다. 가동 날에는 잘 잘리도록 고안이 되어 있다.

<table>
<tr><th>일반가위(sissors)</th><th>틴닝가위(thinning scissors)</th></tr>
<tr><td>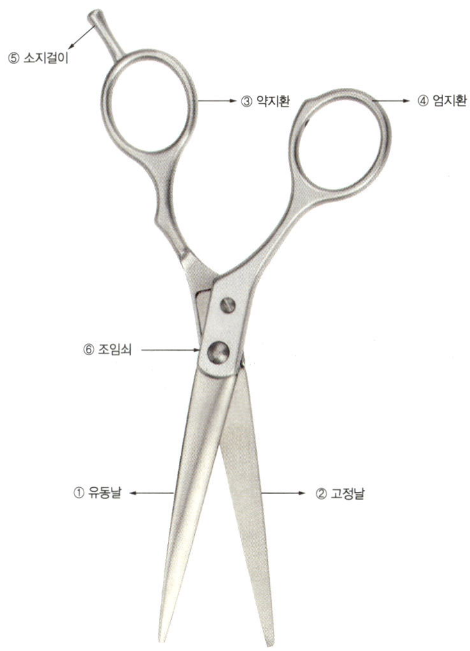
</td><td>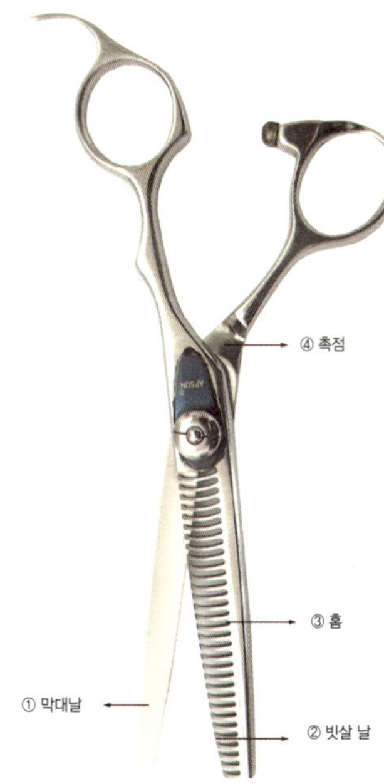
</td></tr>
<tr><td>① 유동날
: 엄지에 의해 조작되어 움직이는 날
② 고정날
: 약지에 의해 조작되고 시술 시 고정되는 날
③ 약지환
: 정도에 연결된 원형의 고리로 약지를 끼워 넣는 곳
④ 엄지환
: 동도에 연결된 원형의 고리로 엄지가 위치하는 곳
⑤ 소지걸이
: 약지환에 이어져 있으며, 소지(새끼손가락)를 걸기 위한 곳
⑥ 조임쇠
: 정도와 동도를 하나로 고정 시켜 주며 나선의 스치는 정도의 조정</td><td>① 막대날
: 링에 엄지손가락을 끼우고 이 날만 움직여 자른다.
② 빗살날
: 쳐낼 모발을 얹는 부분
빗살 날수는 발로 구분
(30발 틴닝가위, 16발 틴닝가위 등)
③ 홈
: 쳐내지 않은 모발이 빠져나가는 곳
④ 촉점
: 막대 날과 빗살 날이 서로 접촉하는 부분</td></tr>
</table>

2) 빗의 특징

커트 시 정확하게 시술할 수 있는 기준 역할을 하며, 커트용 빗은 얇고 견고한 소재로 균등하고 빗살 끝이 너무 뾰족하거나 무디지 않는 것이 좋다. 빗의 종류는 매우 다양하나 기본적으로 커트에 이용하는 빗은 아래와 같다.

빗(comb)

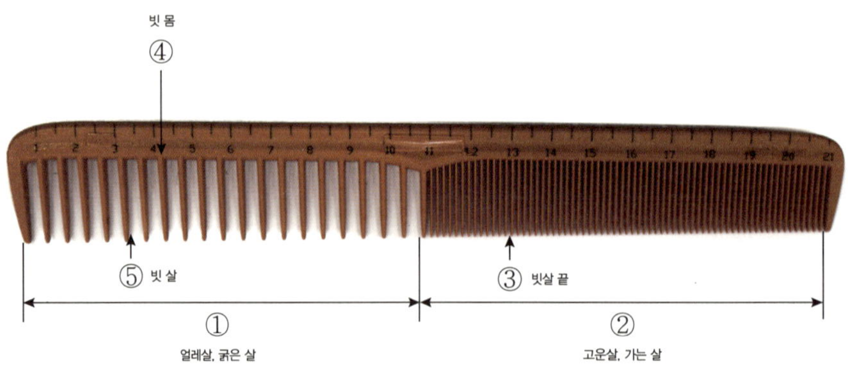

① 얼레살, 굵은 살(large teeth) : 블로킹(blocking) 및 파팅(parting)을 나눌 때 사용

② 고운살, 가는 살(small teeth) : 모발을 가지런히 하여 정확한 커트를 할 때 사용

③ 빗살 끝 : 각 빗살의 끝으로 두피에 접해 모발을 나눌 때 사용

④ 빗 몸 : 빗 전체를 지지하고 균형을 유지

⑤ 빗 살 : 전체가 균등하게 정렬되어야 하고 일정한 간격

2 가위와 빗의 사용방법

1) 가위의 사용

가위를 올바르게 잡는 법

1

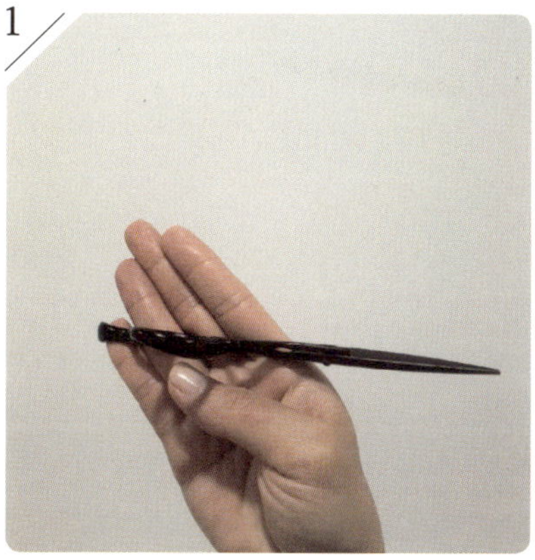

고정 날의 링에 약지를 넣어 바닥과 평행하게 잡는다.

2

유동 날의 링에 엄지를 받쳐 지탱한다.

3

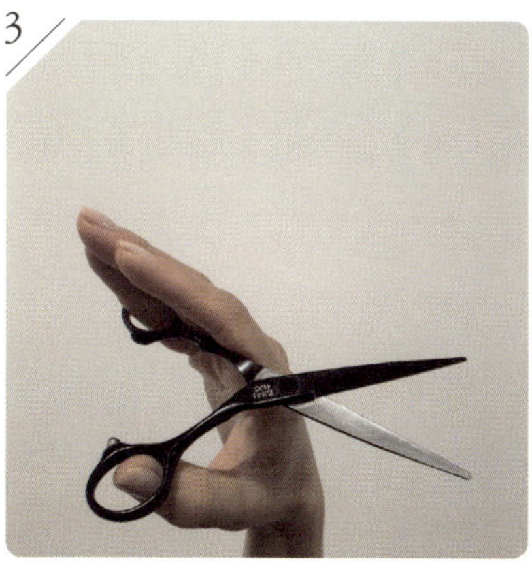

기본은 가동 날의 링에 엄지를 살짝 끼우고, 중지와 검지로 가위를 위에서 가볍게 눌러 안정시키고, 엄지로 유동 날만 움직여 커트한다.

4

유동 날의 링에 엄지를 걸치는 법의 기본은 이 정도이다.

가위 개폐연습

1

고정 날을 고정시킨 채 유동 날만 움직여 크게 가위를 연다.

2

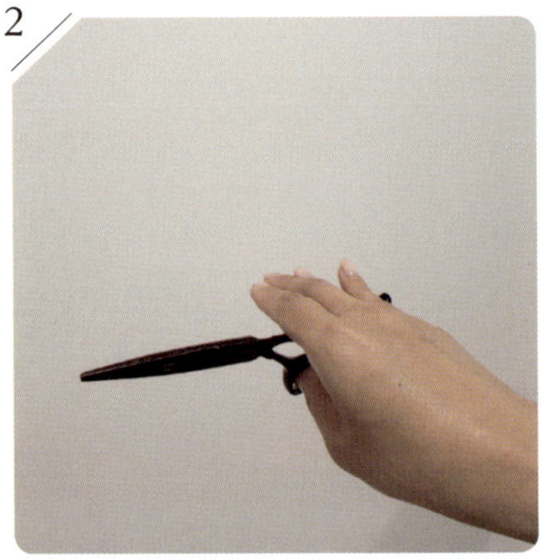

고정 날을 고정시킨 채 유동 날만 움직여 크게 가위를 닫는다.

가위 연습

1

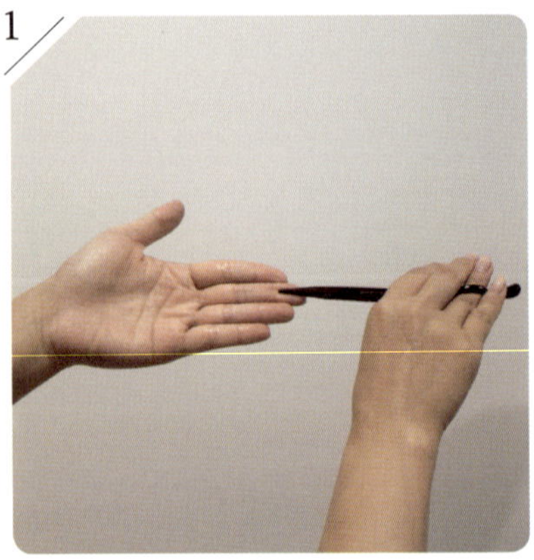

2

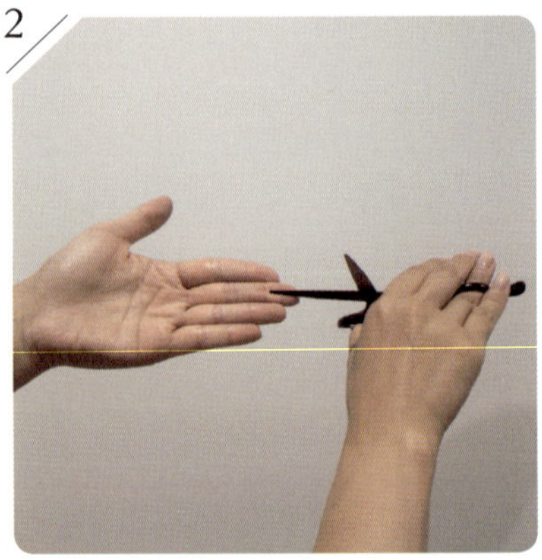

3

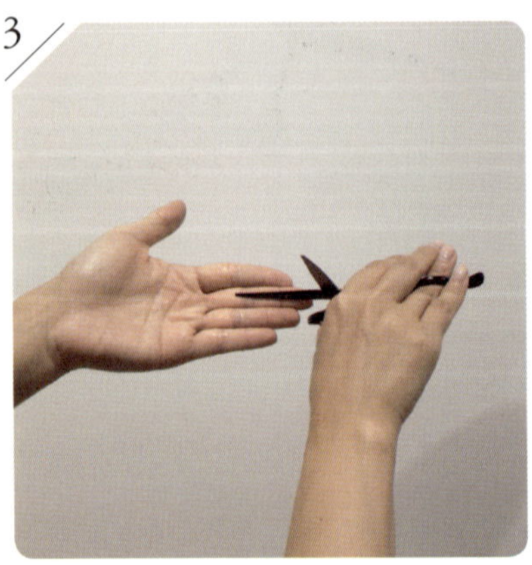

4

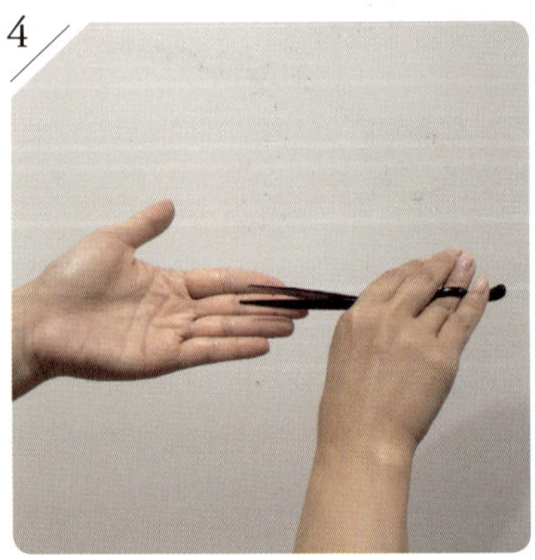

2) 빗의 사용

빗을 올바르게 잡는 법

1

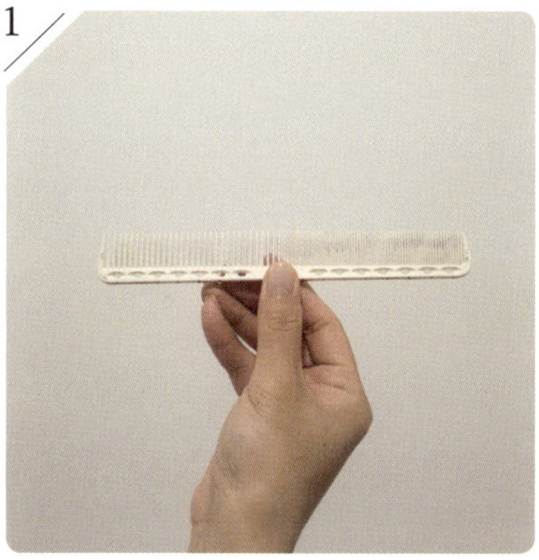

빗의 중앙 지점을 엄지와 검지, 중지로 살며시 잡는다.

2

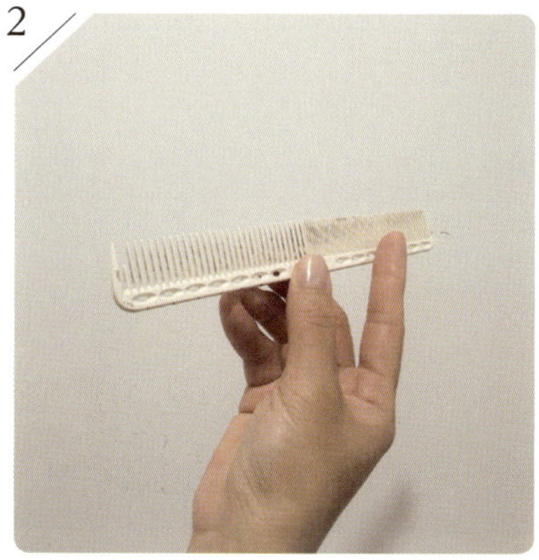

돌리고자 하는 방향으로 엄지, 검지, 중지를 이용하여 빗을 회전시킨다.

3

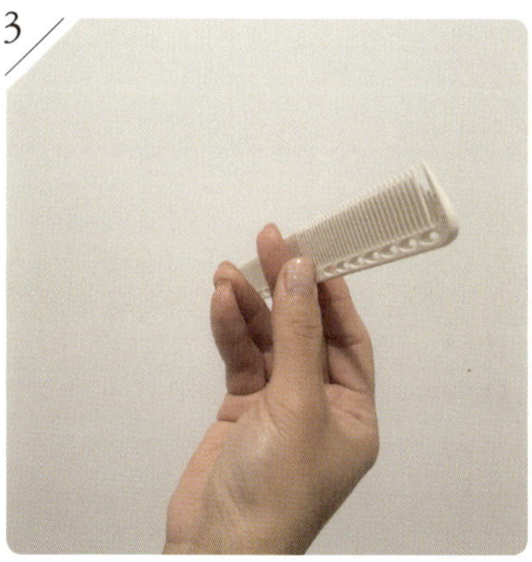

회전 후에는 처음의 동작과 같이 빗의 중앙 지점을 엄지, 검지, 중지로 살며시 잡는다.

4

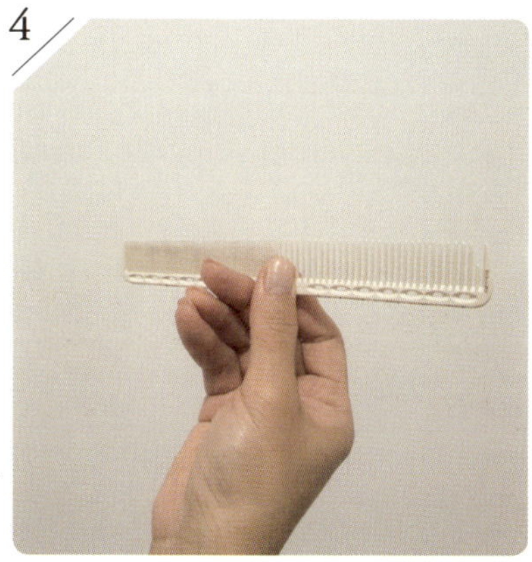

커트 시술 시 목적에 따라 한 방향으로 돌려가며 사용한다.

3) 가위와 빗을 동시에 사용 방법

가위와 빗을 동시에 사용 방법

1

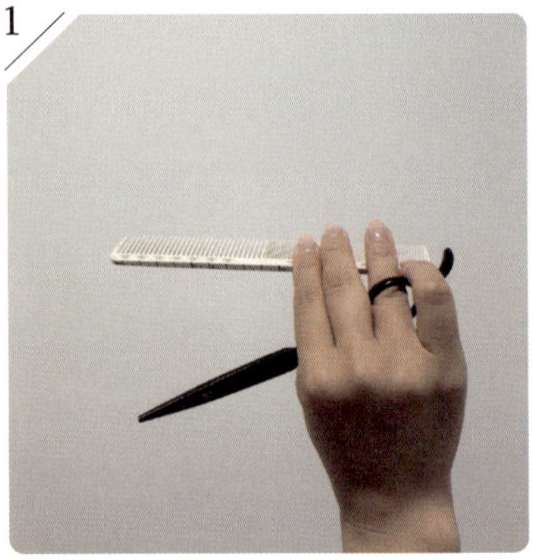

가위와 빗을 함께 잡을 때는 유동 날의 링에 엄지손가락을 넣지 않고 빗을 잡는다.

2

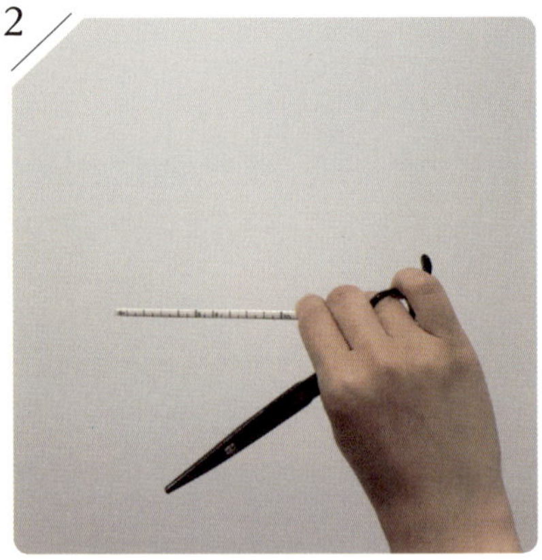

빗을 모발에 직각으로 댔을 때 손가락을 오므려 빗질을 한다.

3

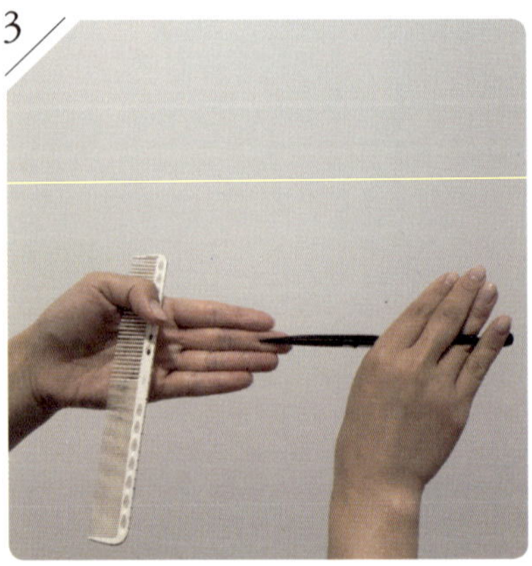

모발을 자를 때에는 왼손으로 빗을 바꾸어 잡는다.

4

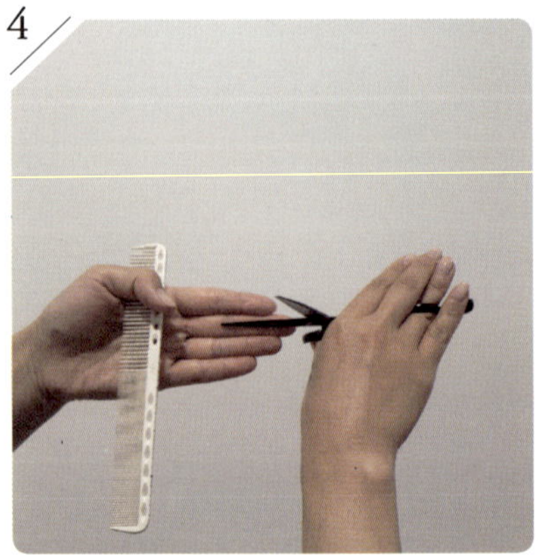

왼손 엄지가 빗을 잡은 상태에서 가위동작을 한다.

※부록 137쪽을 활용하여 가위와 빗의 사용 방법을 실습해 봅시다.

3 커트 테크닉

1) 가위

블런트 (blunt)	나칭 (notching)
	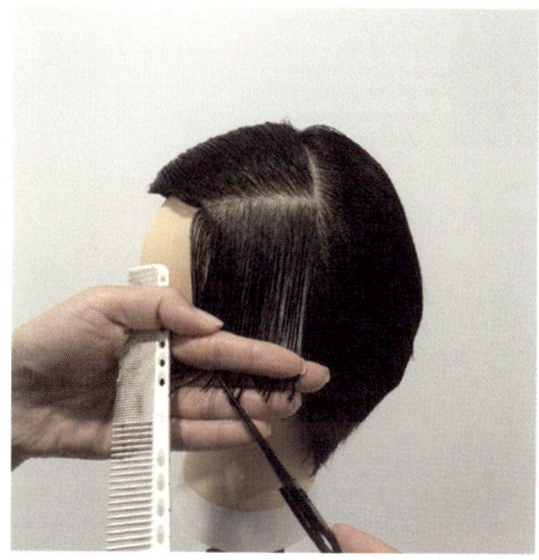
호리존탈(horizontal, 수평) 상태를 유지하면서 커트할 때 쓰이는 기법으로 주로 원랭스 커트에 사용된다.	모발의 단면이 톱니바퀴 모양으로 규칙적이며, 커트와 질감이 동시에 이루어진다. 가위의 날을 45° 대각으로 세워서 커트한다. 포인트(point)라고도 한다.

포인팅 (pointing)	슬라이싱 (slicing)
	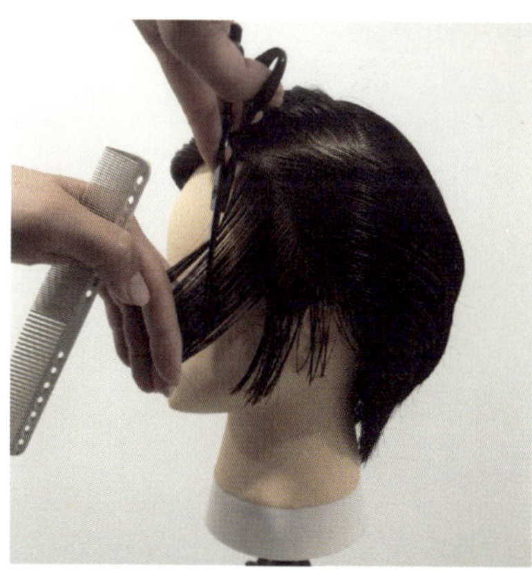
모발 끝에 불규칙한 율동감을 준다. 모발 끝을 쳐내는 양은 손가락의 위치나 포인팅 횟수에 따라 달라진다.	모발의 판넬을 잡고 모발 끝 방향으로 미끄러지듯이 커트하는 기법이다. 모발의 가닥에 방향감을 목적으로 시술하는 기법이다.

2) 틴닝가위

스퀘어 틴닝 (square thinning)	그래쥬에이션 틴닝 (graduation thinning)	레이어 틴닝 (layer thinning)
	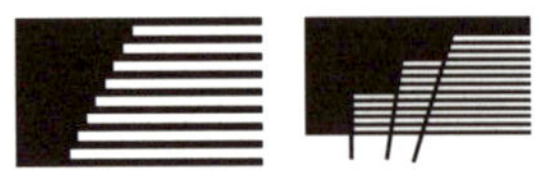	
평행한 커트라인을 따라 틴닝 가위를 넣는다. 스퀘어 라인으로 감소되며 커트의 형태를 바꾸지 않고 모량과 무게감을 제거한다.	틴닝 가위를 그래쥬에이션 형태로 넣는다. 볼륨이 생기며 커트의 실루엣이 둥글게 만들어 진다.	틴닝을 레이어(아웃 레이어) 형태로 넣는다. 헤어커트 형태의 볼륨과 무게감이 없어지고 플랫한 실루엣이 형성된다.

3) 레저

겉마름 기법 (bevel-up)	안(속)마름 기법 (bevel-under)
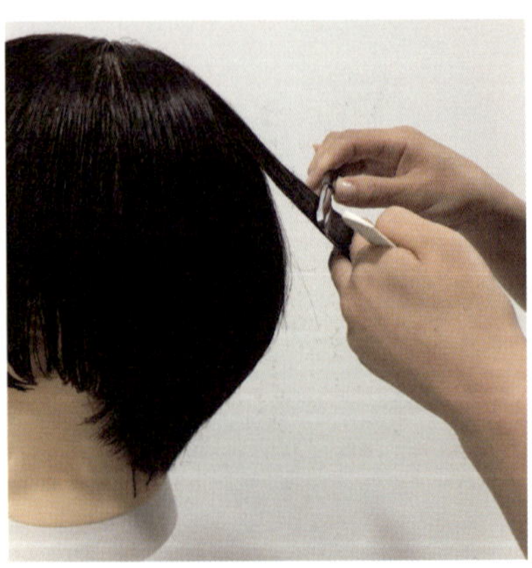	
레저 날을 머리표면에 놓고 시술 모발 끝이 이 위쪽으로 잘 올라가게 만든다. 젖은 모발에 시술하는 것이 일반적이다.	레저 날을 섹션 뒤에 놓고 곡선을 그리듯이 움직여 머리끝이 안쪽으로 잘 말려 들어가게 한다. 젖은 모발에 시술하는 것이 일반적이다.

4 기타 커트 도구

레이저(razor)	클리퍼(clipper)

레이저는 모발을 커트하기도 하지만 사용방법에 따라 가위로는 낼 수 없는 모발의 가벼움, 매끄러움, 율동감을 주어 아름다운 헤어스타일을 연출한다. 레이저 커트 시 젖은 모발 상태에서 시술하여야 한다.	클리퍼는 모터의 동력에 의해 유동발이 좌우로 빠르게 이동하면서 모발을 절단하는 도구이다. 일명 바리깡이라고 부른다.

클립	분무기	커트 보와 어깨 보
		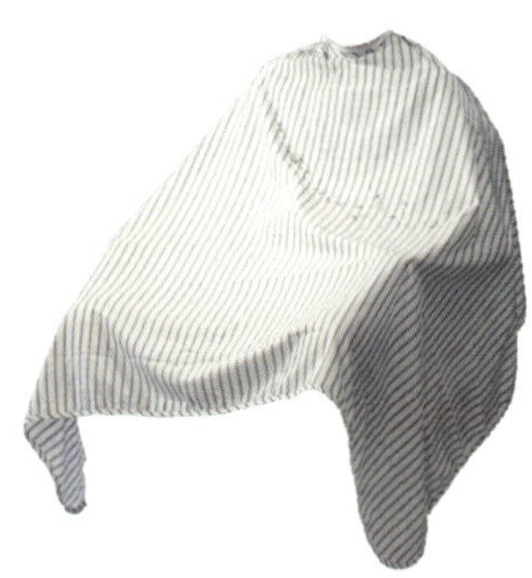
모발을 커트하기 위해 일정한 섹셔닝(sectioning)과 파팅(parting) 등 모발의 고정을 위해 사용한다.	커트 시 중요한 역할을 하는 도구로서 마른 모발에 균일한 수분을 주고 큐티클(cuticle)이 손상이 가지 않게 정확한 섹셔닝(sectioning)과 파팅(parting)을 나누는 도구로 사용된다.	커트 보는 커트 시 고객의 옷을 보호하고 커트된 모발이 옷 속으로 들어가는 것을 방지하는 목적으로 착용한다. 커트용 어깨 보는 커트 보 사용하기 전에 착용하며 커트 후 블로 드라이 시 작업이 연결되도록 하는 데 목적이 있다.

MEMO

MEMO

04 실전대비편 : 커트의 기본 유형

Haircut Workbook

1 원랭스(one length, 솔리드: solid)형의 개요

탑이 짧고 네이프로 갈수록 길어지는 것으로 떨어지는 길이가 모두 동일한 레벨

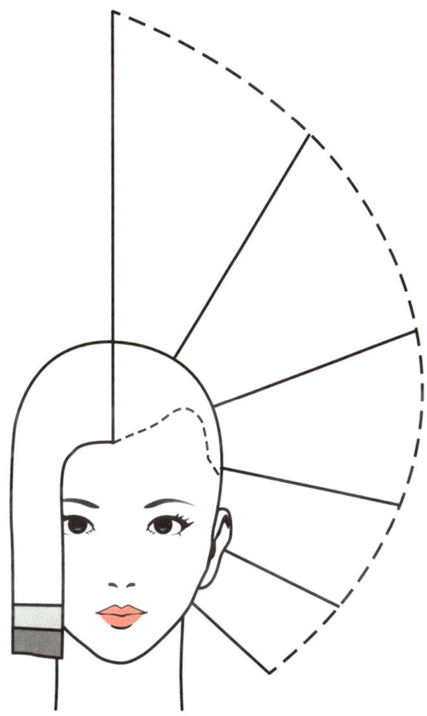

원랭스(one length, 솔리드: solid)		
①	모양	길게 늘어진 타원형(종형)/상하로 연장된 모양
②	질감	표면의 라인(line, 선)이 끊기지 않으며, 부드럽고 언액티베이티드(unactivated)하다.
③	구조	인테리어에서 엑스테리어로 가면서 길어지는 형

원랭스(one length, 솔리드: solid) 커트의 절차

①	섹션 나누기 (sectioning)	모발을 조절하기 위해 나누는 것 기본 4등분(C.P~N.P / E.T.E)
②	두상의 위치 (head position)	똑바로 위치 유지 (네이프 헤어라인을 다듬을 때는 두상이 앞으로 기울어 질 수 있다.)
③	파팅 (parting)	파팅 패턴은 디자인라인과 평행 (수평 / 전대각 / 후대각 / 컨케이브 / 컨백스)
④	분배 (distribution)	자연분배 (모발은 두상의 곡면에서 자연스럽게 떨어지게 한다.)
⑤	시술각 (projection)	자연시술각, 0°시술각
⑥	손가락/가위 위치 (finger/scissors position)	파팅과 원하는 형태 라인에 평행하게 위치
⑦	디자인라인 (design line)	고정 디자인 (디자인 라인의 방향은 가장자리 형태선을 만든다.)

2 그래쥬에이션(graduation)형의 개요

엑스테리어의 짧은 머리가 인테리어로 갈수록 점진적으로 길어지는 형으로 시술각에 의해 경사선이 생기고 무게지역, 무게선, 릿지라인이 있다.

그래쥬에이션(graduation)		
①	모양	삼각형, 각진형
②	질감	혼합형 액티베이티드(activated)+언액티베이티드(unactivated)
③	구조	인테리어에서 엑스테리어로 가면서 길어지는 형
④	무게	무게지역: 머리모양의 가장 넓은 모서리 부분 무게선: 가장 긴 머리 가닥이 떨어지는 것에 생김

그래쥬에이션(graduation) 커트의 절차

①	섹션 나누기 (sectioning)	모발을 조절하기 위해 나누는 것 디자인라인이나 시술각이 변하는 부분에서 섹션을 나눌 수 있다. 기본 4등분(C.P~N.P / E.T.E)
②	두상의 위치 (head position)	똑바로 위치 유지 (네이프 헤어라인을 다듬을 때는 두상이 앞으로 기울어질 수 있다.)
③	파팅 (parting)	파팅 패턴은 디자인라인과 평행 (수평/전대각/후대각/수직)
④	분배 (distribution)	자연분배 / 직각분배 / 방향분배 · 자연분배 + 시술각 ⇒ 단차 발생 · 직각분배: 시술각 없이도 단차 생김 · 변이분배: 머리를 분배하는 반대쪽 길이 증가/감소 (모발은 두상의 곡면에서 자연스럽게 떨어지게 한다.)
⑤	시술각 (projection)	자연시술각, 중간시술각(약 45°) 각도를 드는 만큼 층의 단차가 커짐. · low angle: 1°~30° · medium angle: 30°~60° · high angle: 60°~90°
⑥	손가락/가위 위치 (finger/scissors position)	베이스 파팅과 평행하게 위치
⑦	디자인라인 (design line)	고정 디자인 / 이동 디자인

3 인크리스 레이어(increase layer)형의 개요

엑스테리어의 짧은 머리가 인테리어로 갈수록 점진적으로 길어지는 형으로 시술각에 의해 경사선이 생기고 무게지역, 무게선, 릿지라인이 있다.

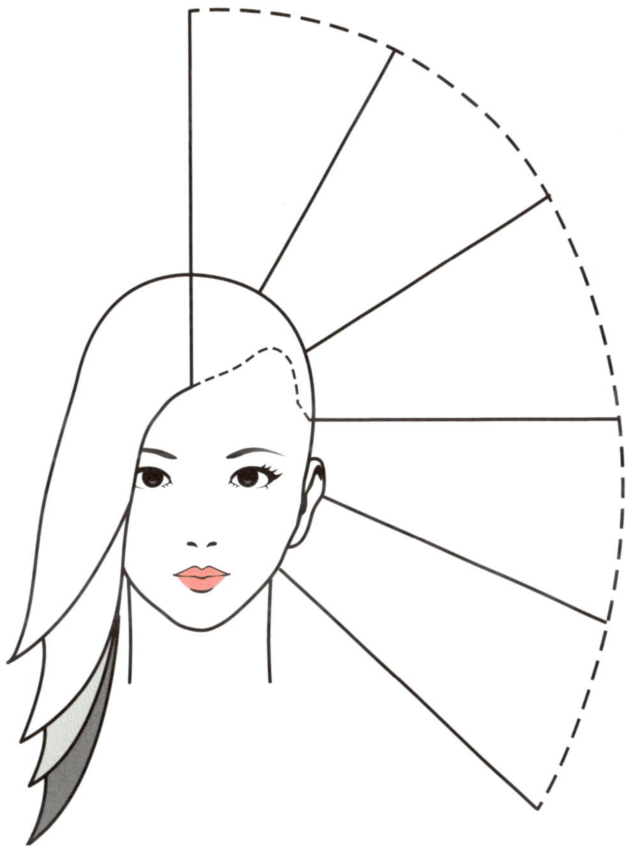

인크리스 레이어(increase layer)		
①	**모양**	길게 늘어진 타원형 / 상 · 하로 연장된 모양
②	**질감**	액티베이티드(activated)
③	**구조**	짧은 인테리어에서 긴 엑스테리어로 가면서 길어지는 형

인크리스 레이어(increase layer) 커트의 절차

①	섹션 나누기 (sectioning)	모발을 조절하기 위해 나누는 것 기본 2~4등분(C.P~N.P / E.T.E)
②	두상의 위치 (head position)	똑바로 위치 유지 (긴 길이에서는 고개를 앞으로 숙이면 쉽게 컨트롤 할 수 있다.)
③	파팅 (parting)	파팅 패턴은 디자인라인과 평행 (수평 / 대각(전대각, 후대각) / 수직)
④	분배 (distribution)	직각분배, 변이분배(side : slide)
⑤	시술각 (projection)	일반 시술각(0°~90°) 시술각이 낮아질수록 반대쪽의 모발은 길어지며, 질감 폭도 많아진다.
⑥	손가락/가위 위치 (finger/scissors position)	인크리스의 길이 증가에 따라 평행 / 비평행
⑦	디자인라인 (design line)	고정 디자인, 다중 디자인

4 유니폼 레이어(uniform layer)형의 개요

세임 레이어(same layer)라고도 하며, 둥근 모양으로 나타난다.

유니폼 레이어(uniform layer)		
①	**모양**	원형 모양
②	**질감**	100% 액티베이티드(activated) 펌 머리의 경우 더 많은 질감 효과와 볼륨을 높일 수 있다.
③	**구조**	모든 길이 동일 (길이의 반복으로 무게감이 형성되지 않음)

유니폼 레이어(uniform layer) 커트의 절차		
①	섹션 나누기 (sectioning)	모발을 조절하기 위해 나누는 것 기본 2~5등분(C.P~N.P / E.T.E / F.S.P)
②	두상의 위치 (head position)	똑바로 위치 유지 (네이프에 층을 낼 때 앞으로 위치될 수 있음)
③	파팅 (parting)	파팅 패턴은 디자인라인과 평행 (수평 / 피봇 / 수직)
④	분배 (distribution)	직각분배
⑤	시술각 (projection)	일반 시술각(0°, 90°) 시술각은 두상 곡면에서의 90°
⑥	손가락/가위 위치 (finger/scissors position)	베이스 파팅과 평행하게 위치
⑦	디자인라인 (design line)	이동 디자인

4가지 기본형

기본형	솔리드 (solid)	그래쥬에이션 (graduation)	인크리스 (increase-layer)	유니폼 (uniform-layer)
모양				
질감				
구조	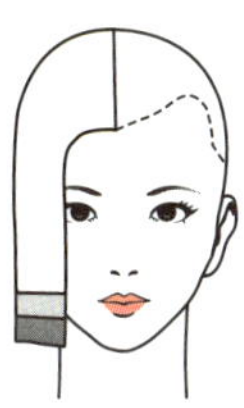	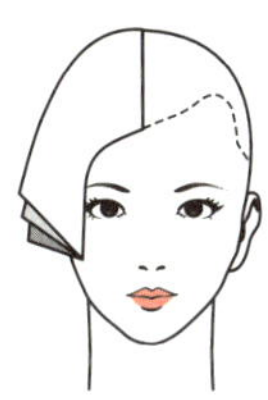		
특징				

MEMO

MEMO

05 실전편 : Portpolio

Haircut Workbook

Portpolio

· Hair cut design process
· Hair cut design completion

hair cut design process

이 름 :	학 번 :
일 시 :	디자인 :

①		
②		
③		
④		
⑤		
⑥		
⑦		

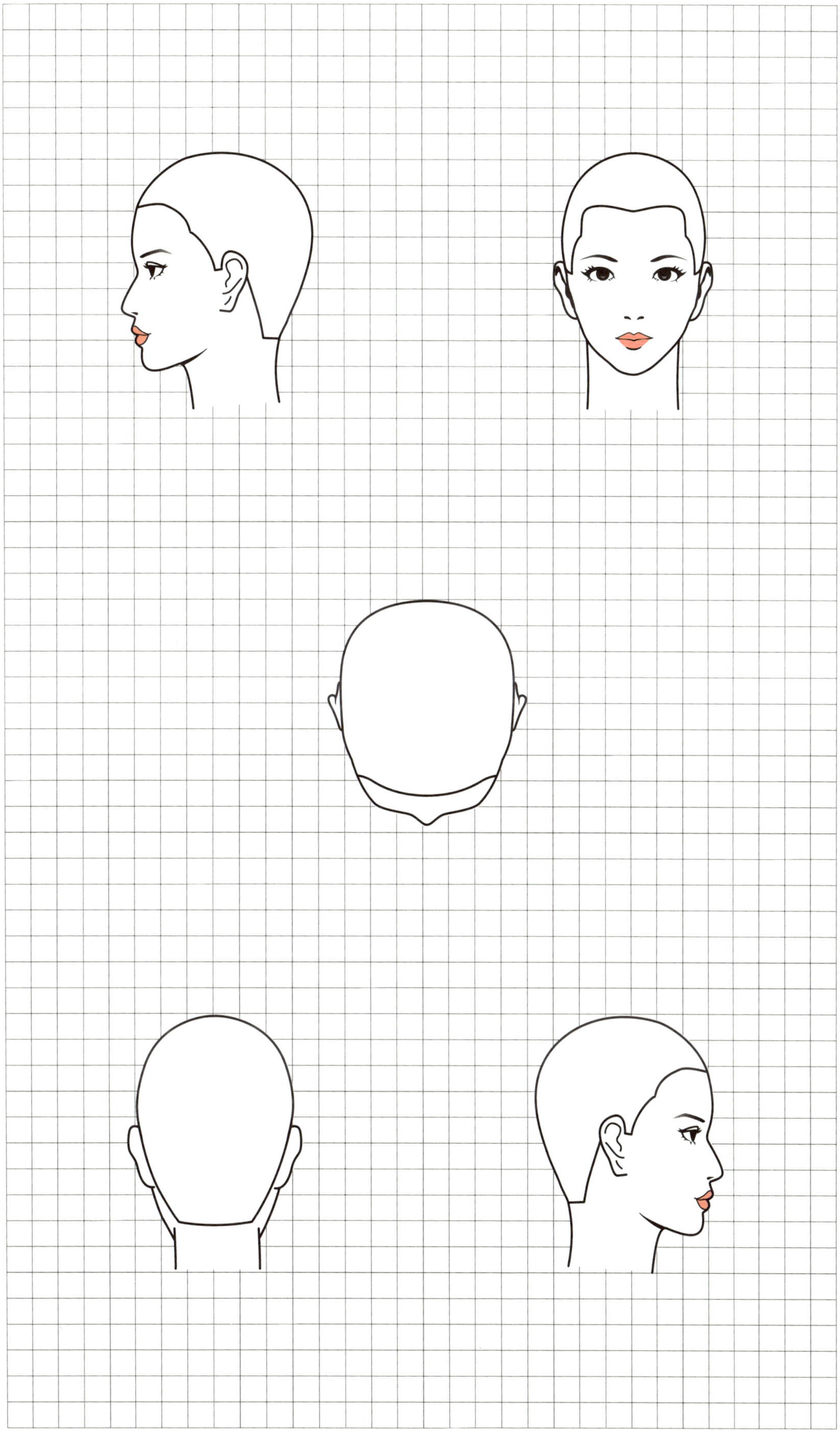

hair cut design completion

cut	blow dry
사진 앞	사진 앞
사진 우측면	사진 우측면
사진 좌측면	사진 좌측면
사진 뒤	사진 뒤

hair cut design completion

image map

hair cut design process

이 름 :	학 번 :
일 시 :	디자인 :

①		
②		
③		
④		
⑤		
⑥		
⑦		

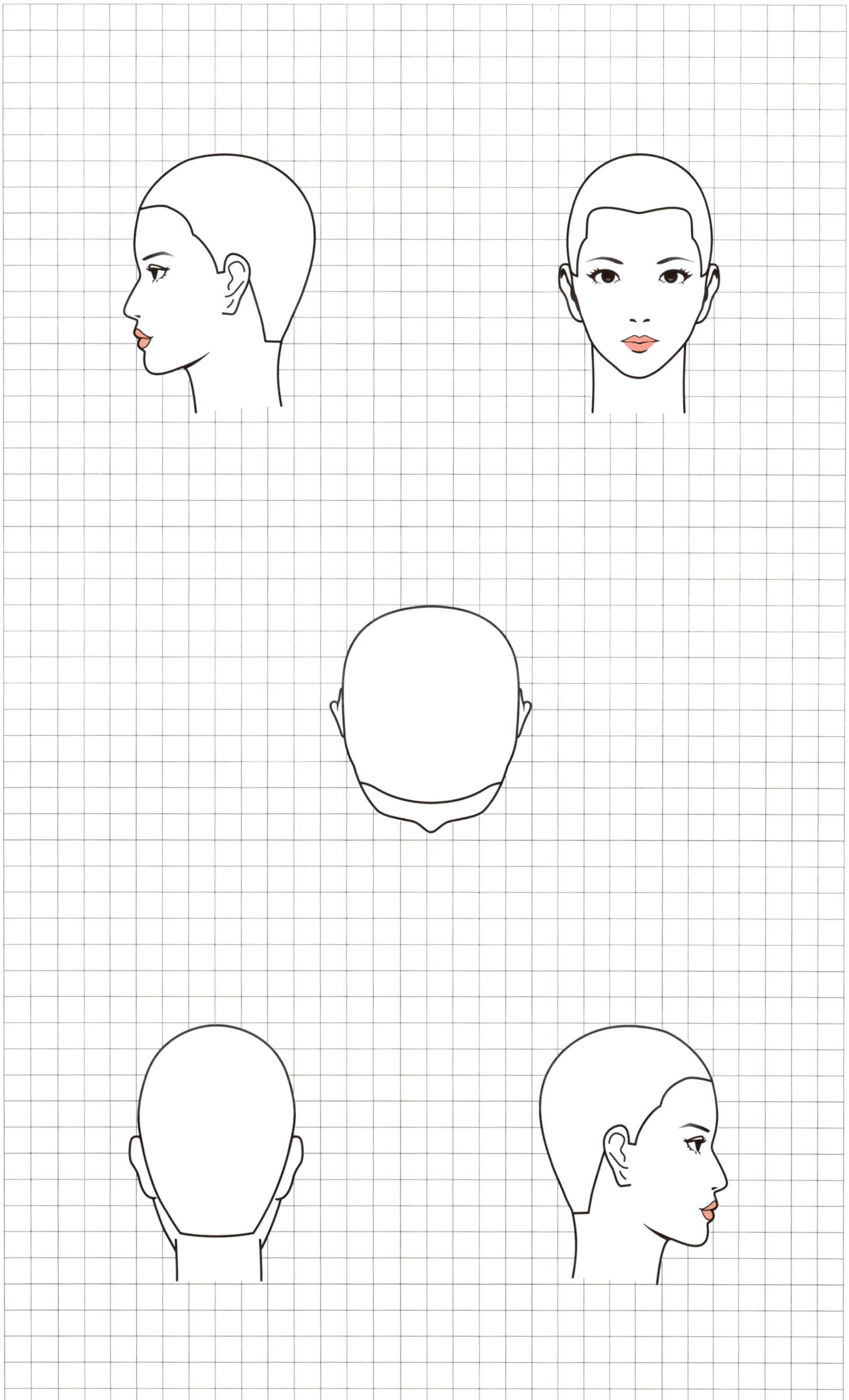

hair cut design completion

cut	blow dry
사진 앞	사진 앞
사진 우측면	사진 우측면
사진 좌측면	사진 좌측면
사진 뒤	사진 뒤

hair cut design completion

image map

hair cut design process

이 름 :	학 번 :
일 시 :	디자인 :

①		
②		
③		
④		
⑤		
⑥		
⑦		

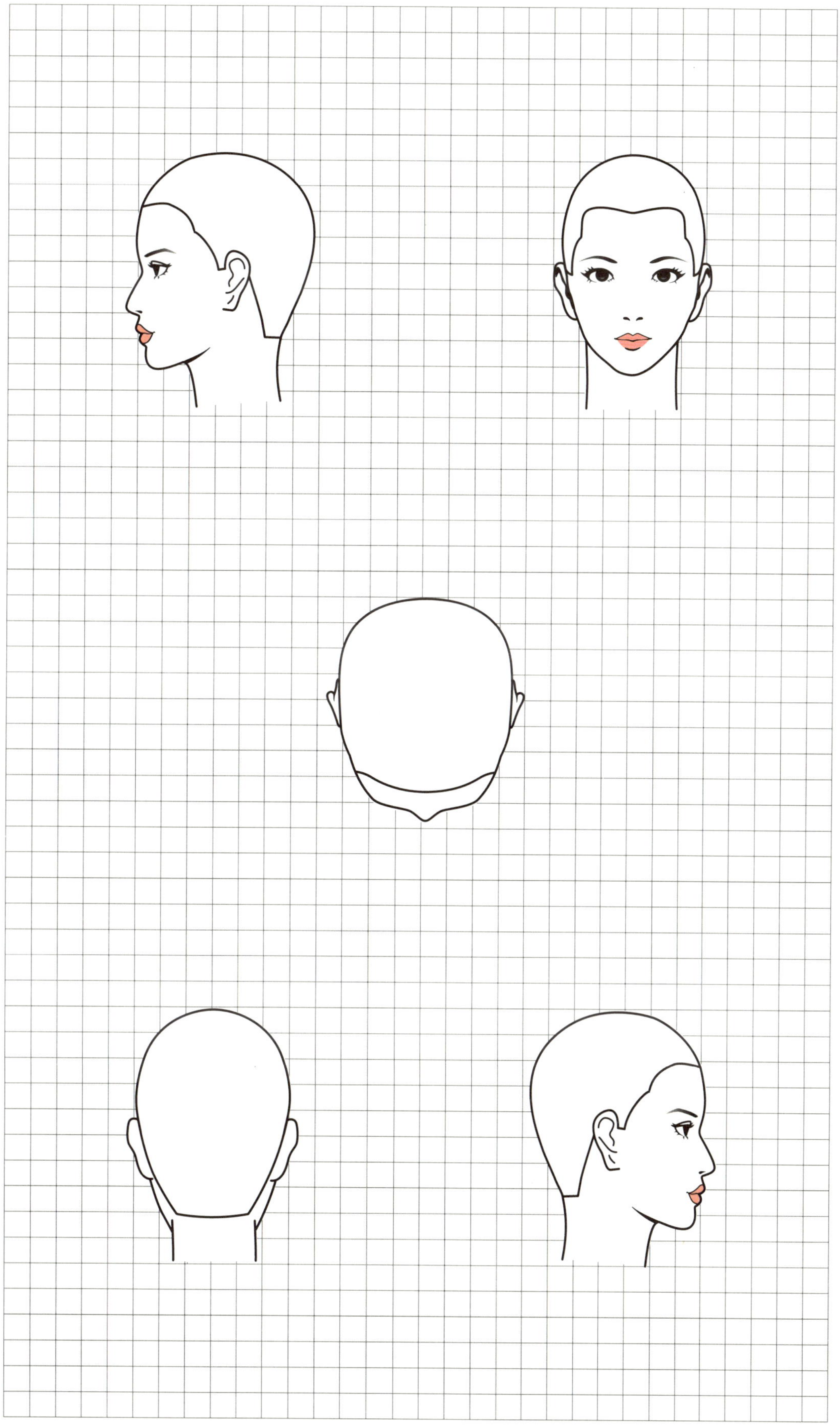

hair cut design completion

cut	blow dry
사진 앞	사진 앞
사진 우측면	사진 우측면
사진 좌측면	사진 좌측면
사진 뒤	사진 뒤

hair cut design completion

image map

hair cut design process

이 름 :	학 번 :
일 시 :	디자인 :

①		
②		
③		
④		
⑤		
⑥		
⑦		

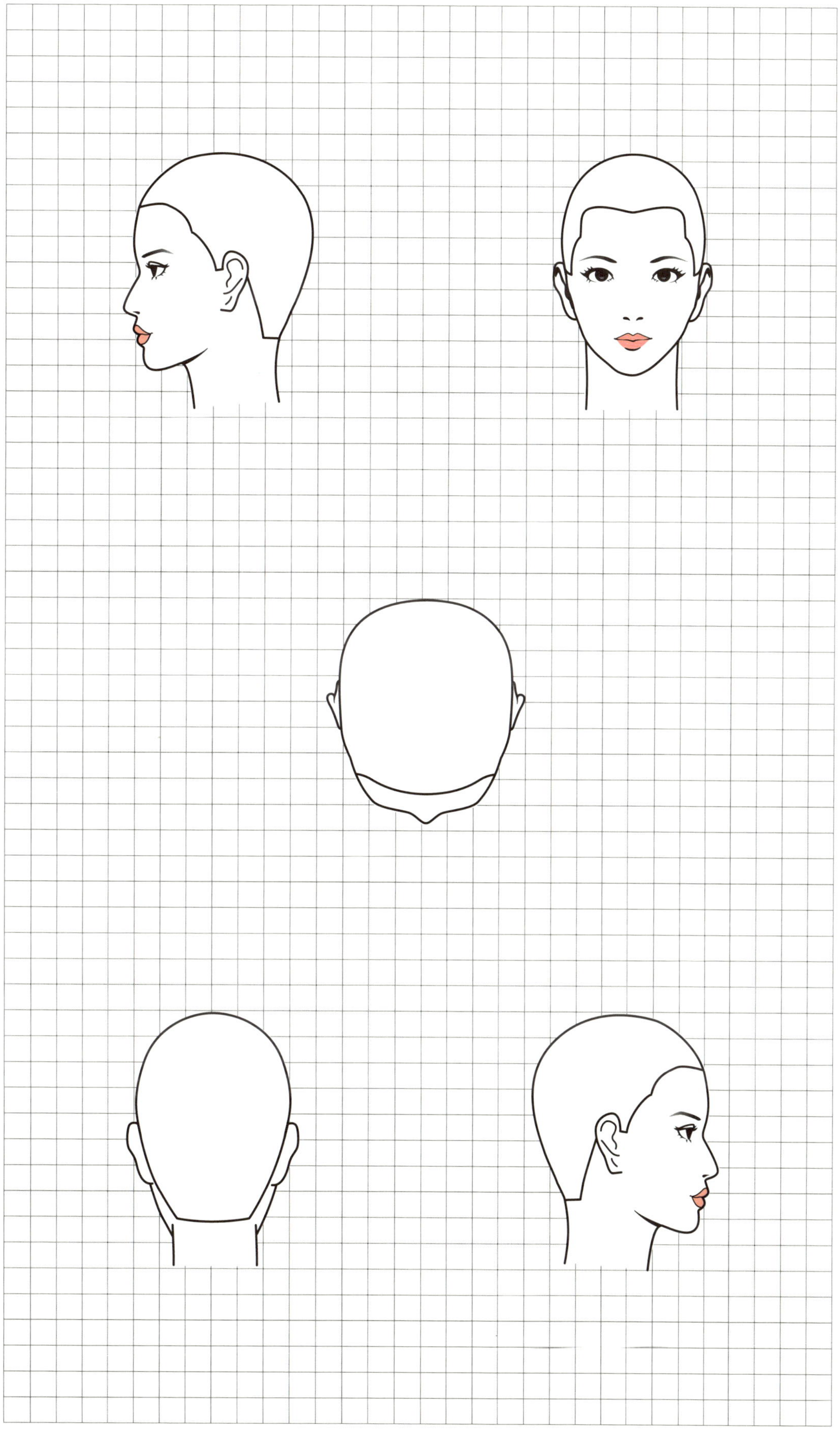

hair cut design completion

cut	blow dry
사진 앞	사진 앞
사진 우측면	사진 우측면
사진 좌측면	사진 좌측면
사진 뒤	사진 뒤

hair cut design completion

image map

hair cut design process

이 름 :	학 번 :
일 시 :	디자인 :

①		
②		
③		
④		
⑤		
⑥		
⑦		

hair cut design completion

cut	blow dry
사진 앞	사진 앞
사진 우측면	사진 우측면
사진 좌측면	사진 좌측면
사진 뒤	사진 뒤

hair cut design completion

image map

hair cut design process

이 름 :	학 번 :
일 시 :	디자인 :

①		
②		
③		
④		
⑤		
⑥		
⑦		

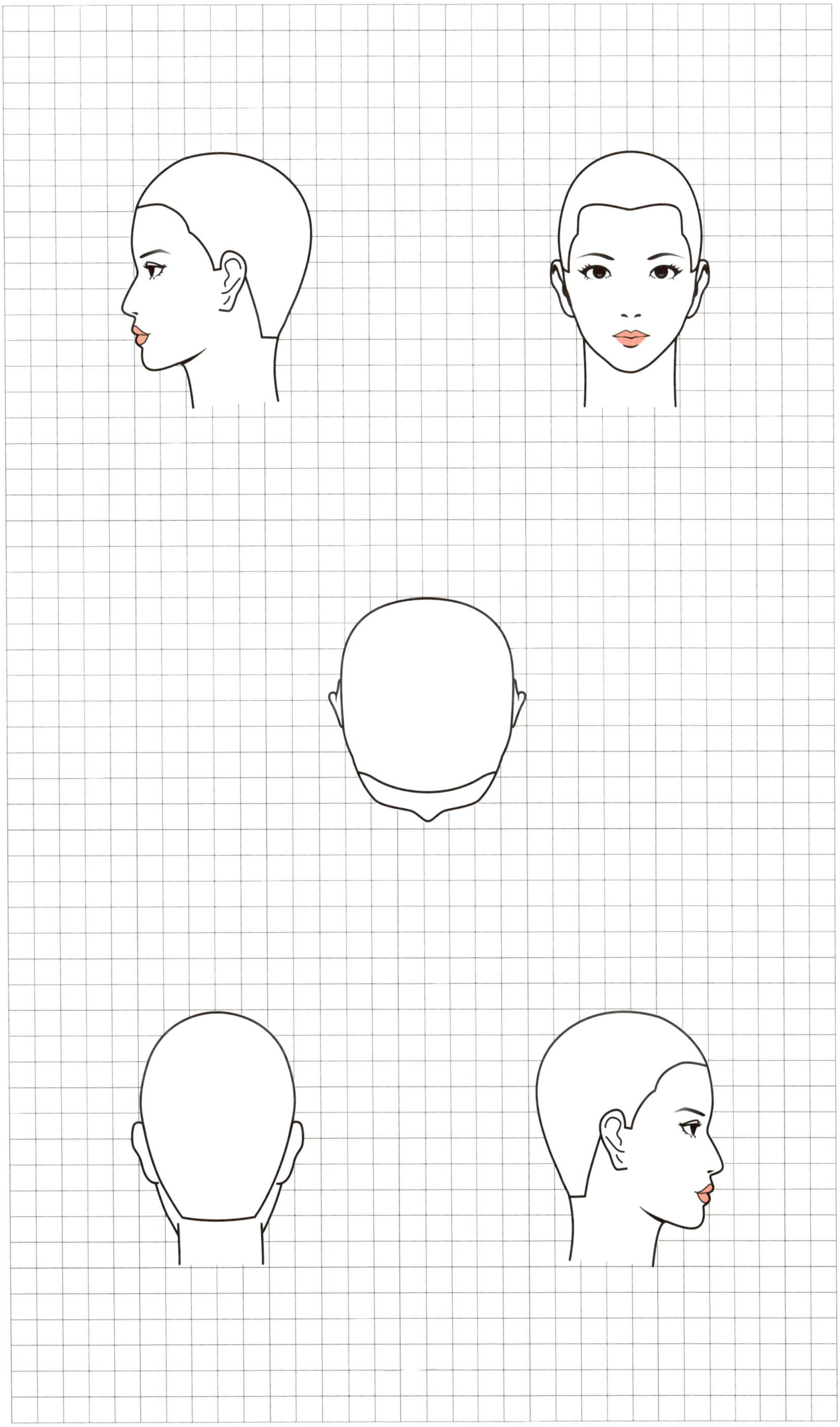

hair cut design completion

cut	blow dry
사진 앞	사진 앞
사진 우측면	사진 우측면
사진 좌측면	사진 좌측면
사진 뒤	사진 뒤

hair cut design completion

image map

hair cut design process

이 름 :	학 번 :
일 시 :	디자인 :

①		
②		
③		
④		
⑤		
⑥		
⑦		

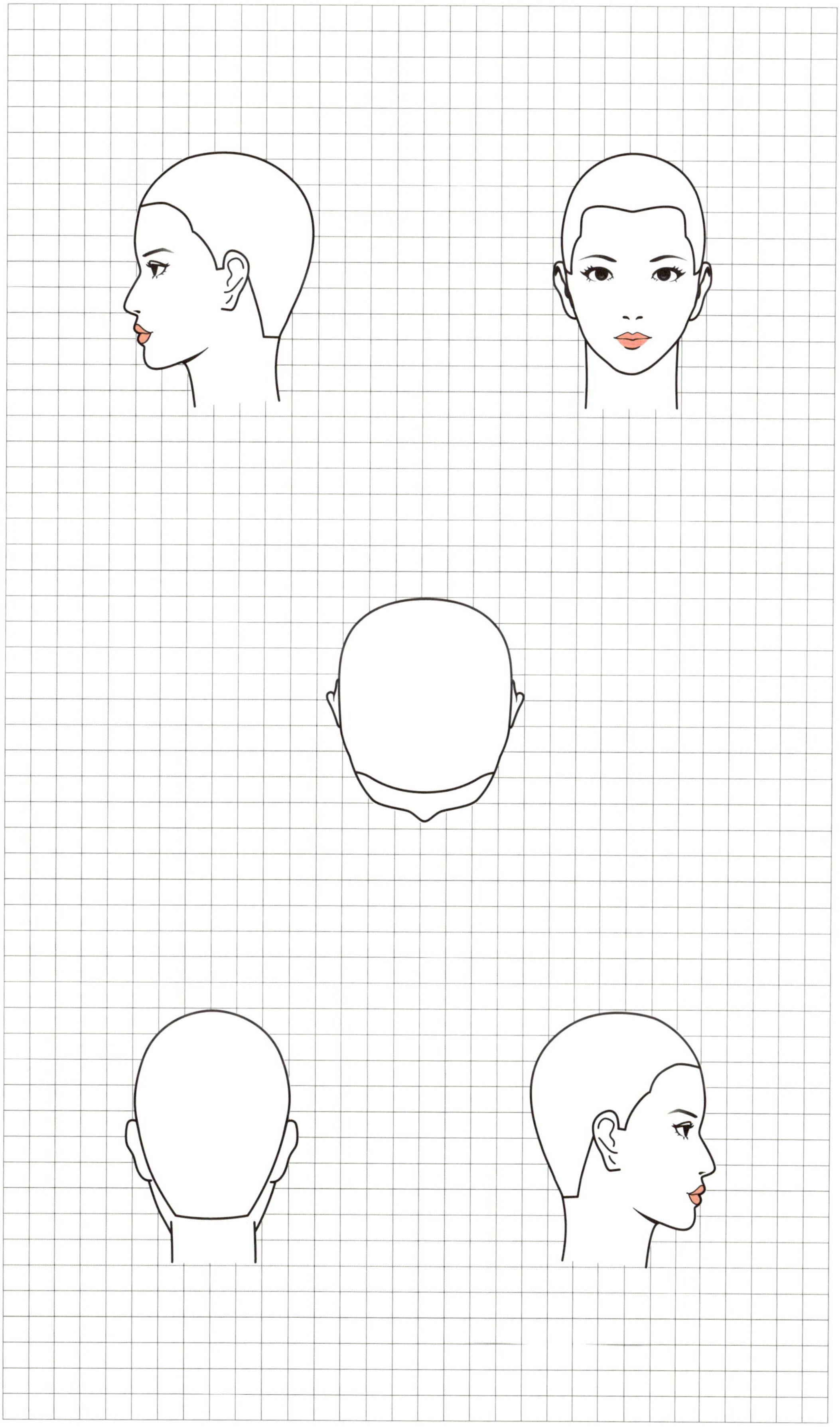

hair cut design completion

cut	blow dry
사진 앞	사진 앞
사진 우측면	사진 우측면
사진 좌측면	사진 좌측면
사진 뒤	사진 뒤

hair cut design completion

image map

hair cut design process

이 름 :	학 번 :
일 시 :	디자인 :

①		
②		
③		
④		
⑤		
⑥		
⑦		

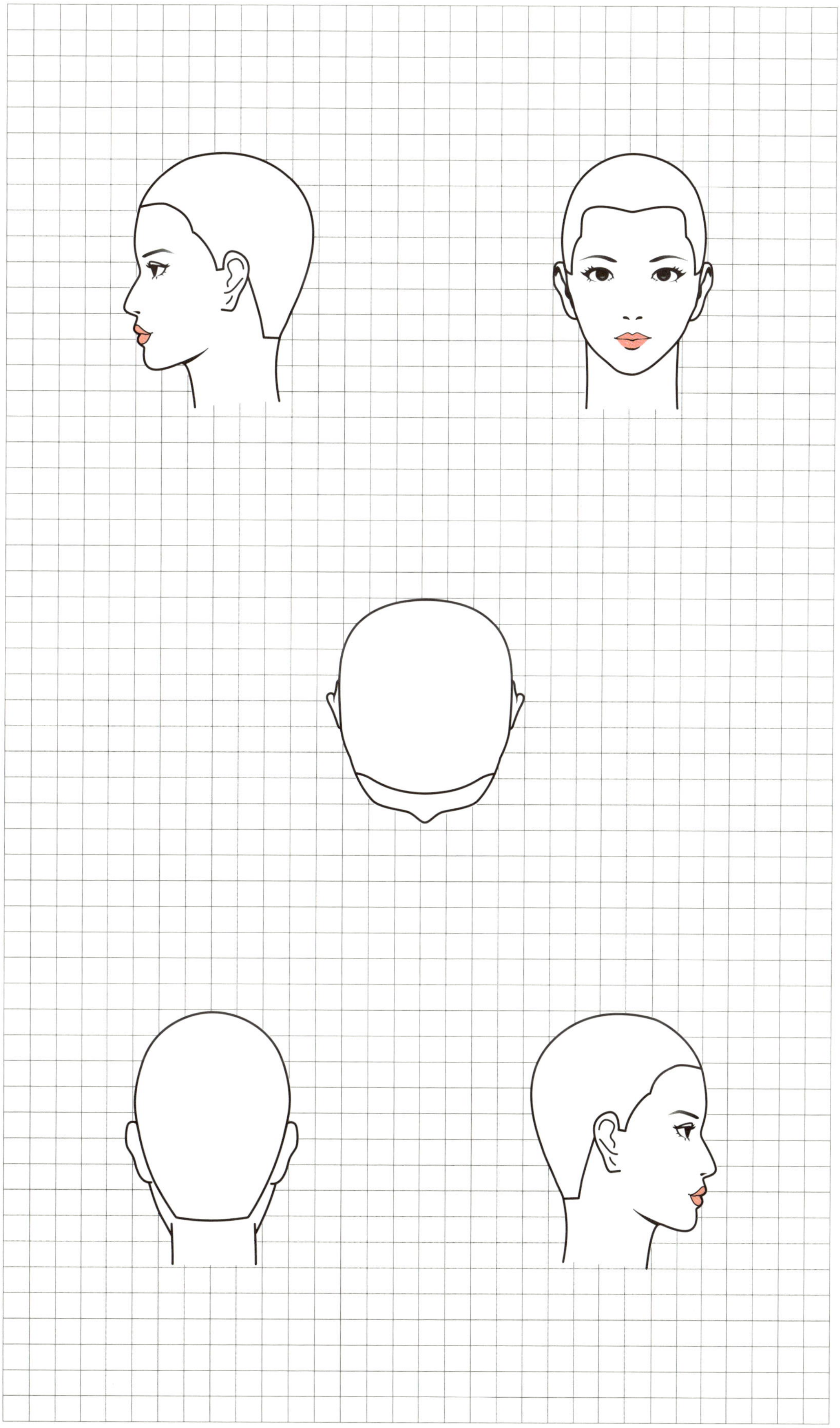

hair cut design completion

cut	blow dry
사진 앞	사진 앞
사진 우측면	사진 우측면
사진 좌측면	사진 좌측면
사진 뒤	사진 뒤

hair cut design completion

image map

hair cut design process

이 름 :	학 번 :
일 시 :	디자인 :

①		
②		
③		
④		
⑤		
⑥		
⑦		

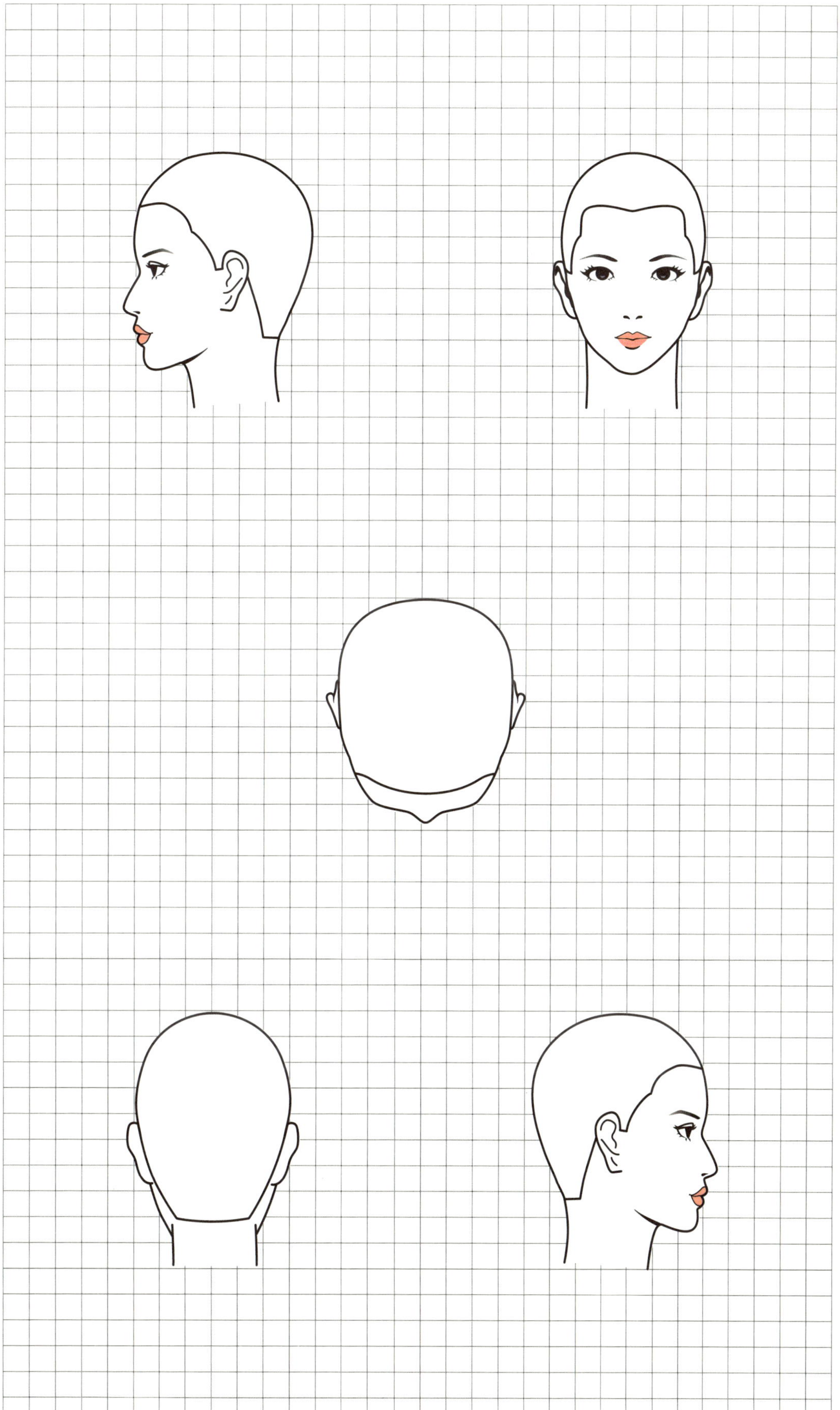

hair cut design completion

cut	blow dry
사진 앞	사진 앞
사진 우측면	사진 우측면
사진 좌측면	사진 좌측면
사진 뒤	사진 뒤

hair cut design completion

image map

hair cut design process

이 름 :	학 번 :
일 시 :	디자인 :

①		
②		
③		
④		
⑤		
⑥		
⑦		

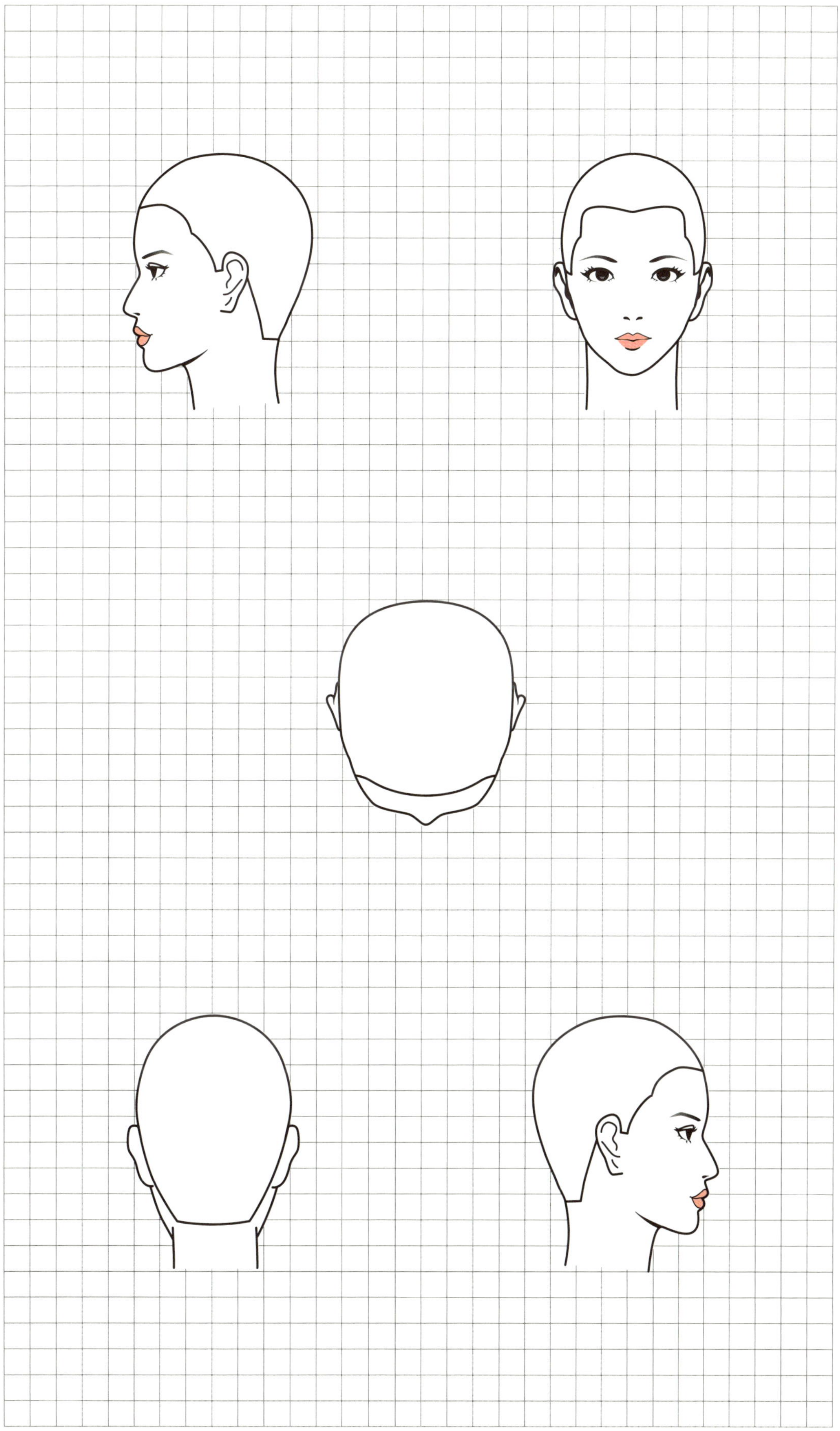

hair cut design completion

cut	blow dry
사진 앞	사진 앞
사진 우측면	사진 우측면
사진 좌측면	사진 좌측면
사진 뒤	사진 뒤

hair cut design completion

image map

hair cut design process

이 름 :	학 번 :
일 시 :	디자인 :

①		
②		
③		
④		
⑤		
⑥		
⑦		

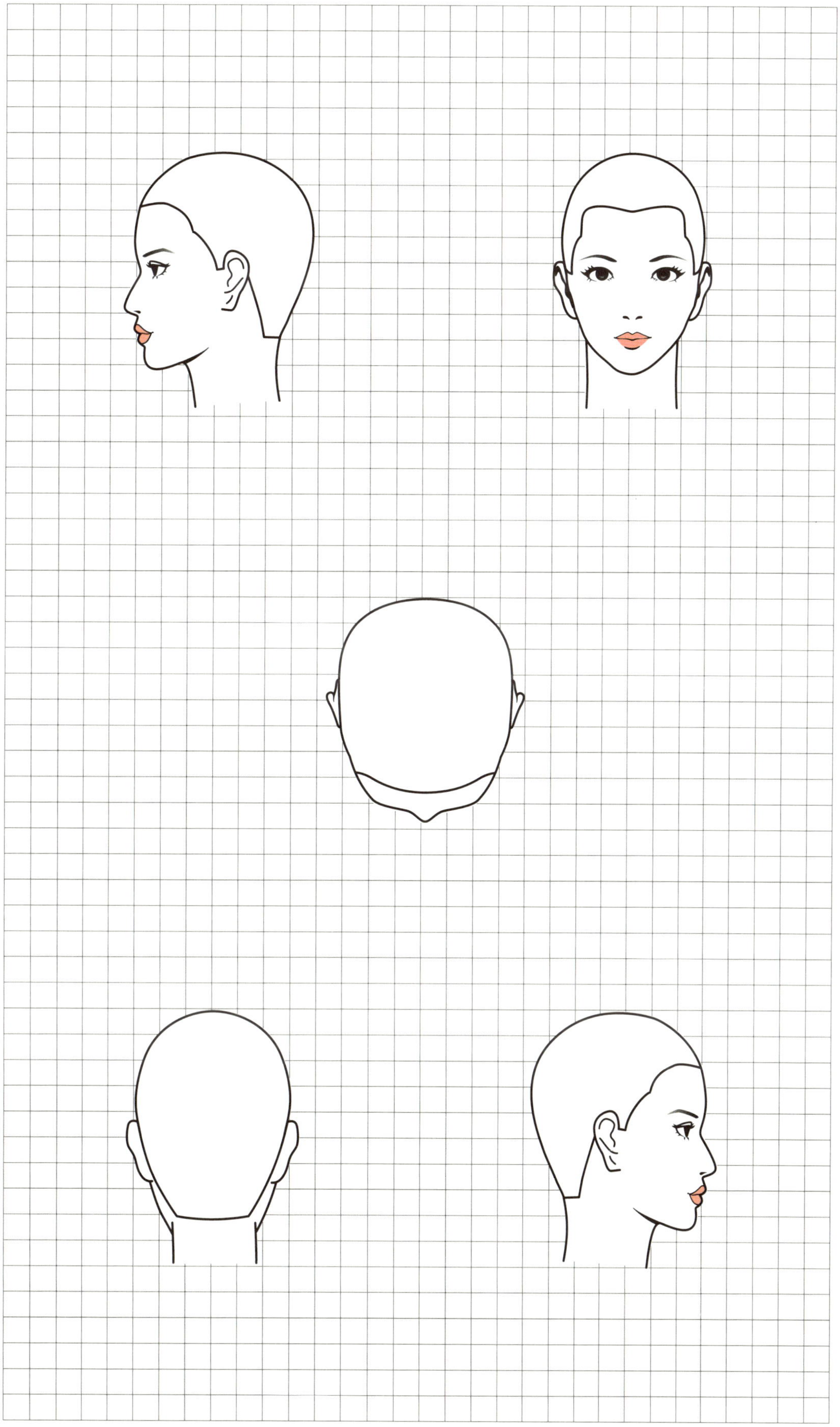

hair cut design completion

cut	blow dry
사진 앞	사진 앞
사진 우측면	사진 우측면
사진 좌측면	사진 좌측면
사진 뒤	사진 뒤

hair cut design completion

image map

hair cut design process

이 름 :	학 번 :
일 시 :	디자인 :

①		
②		
③		
④		
⑤		
⑥		
⑦		

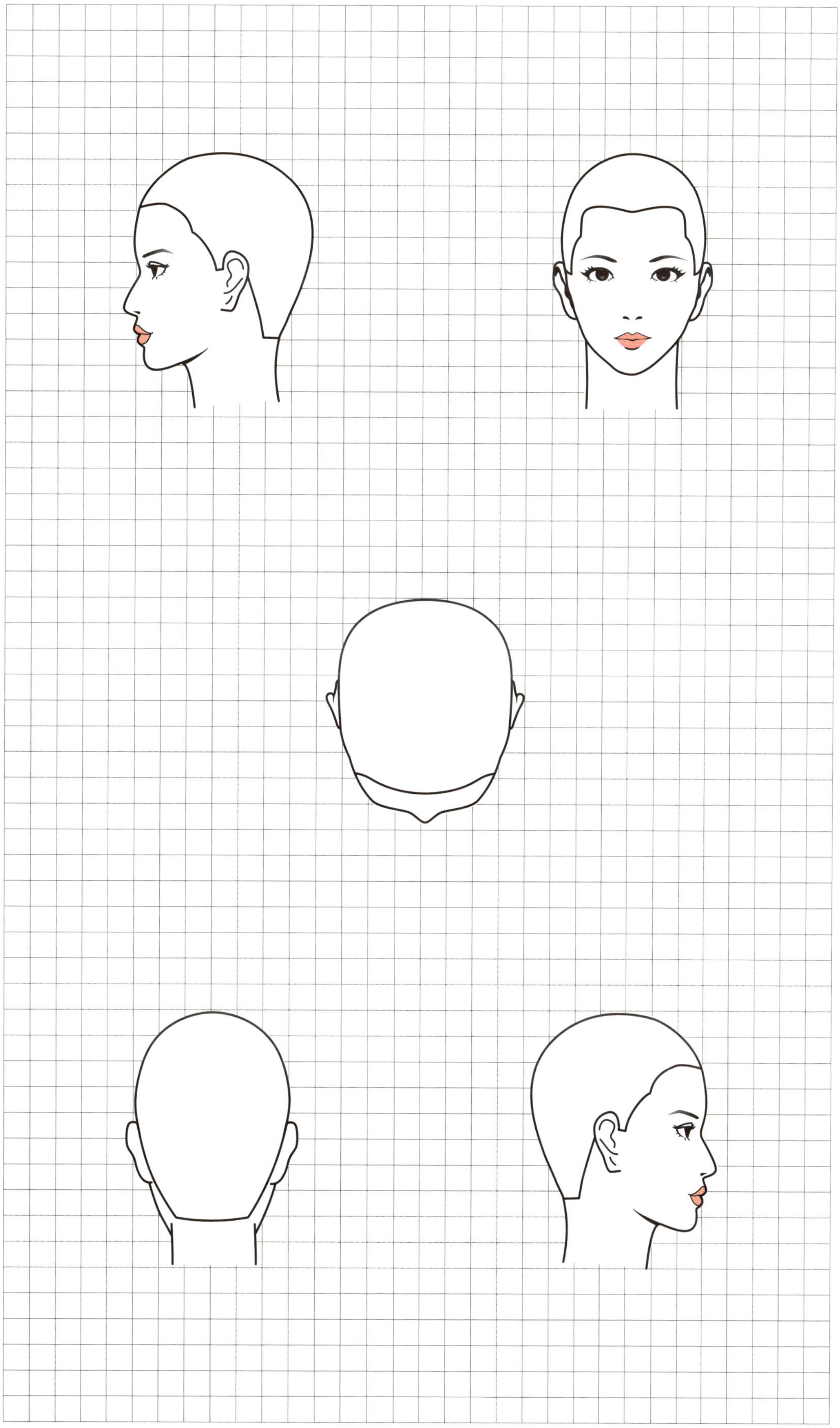

hair cut design completion

cut	blow dry
사진 앞	사진 앞
사진 우측면	사진 우측면
사진 좌측면	사진 좌측면
사진 뒤	사진 뒤

hair cut design completion

image map

hair cut design process

이 름 :	학 번 :
일 시 :	디자인 :

①		
②		
③		
④		
⑤		
⑥		
⑦		

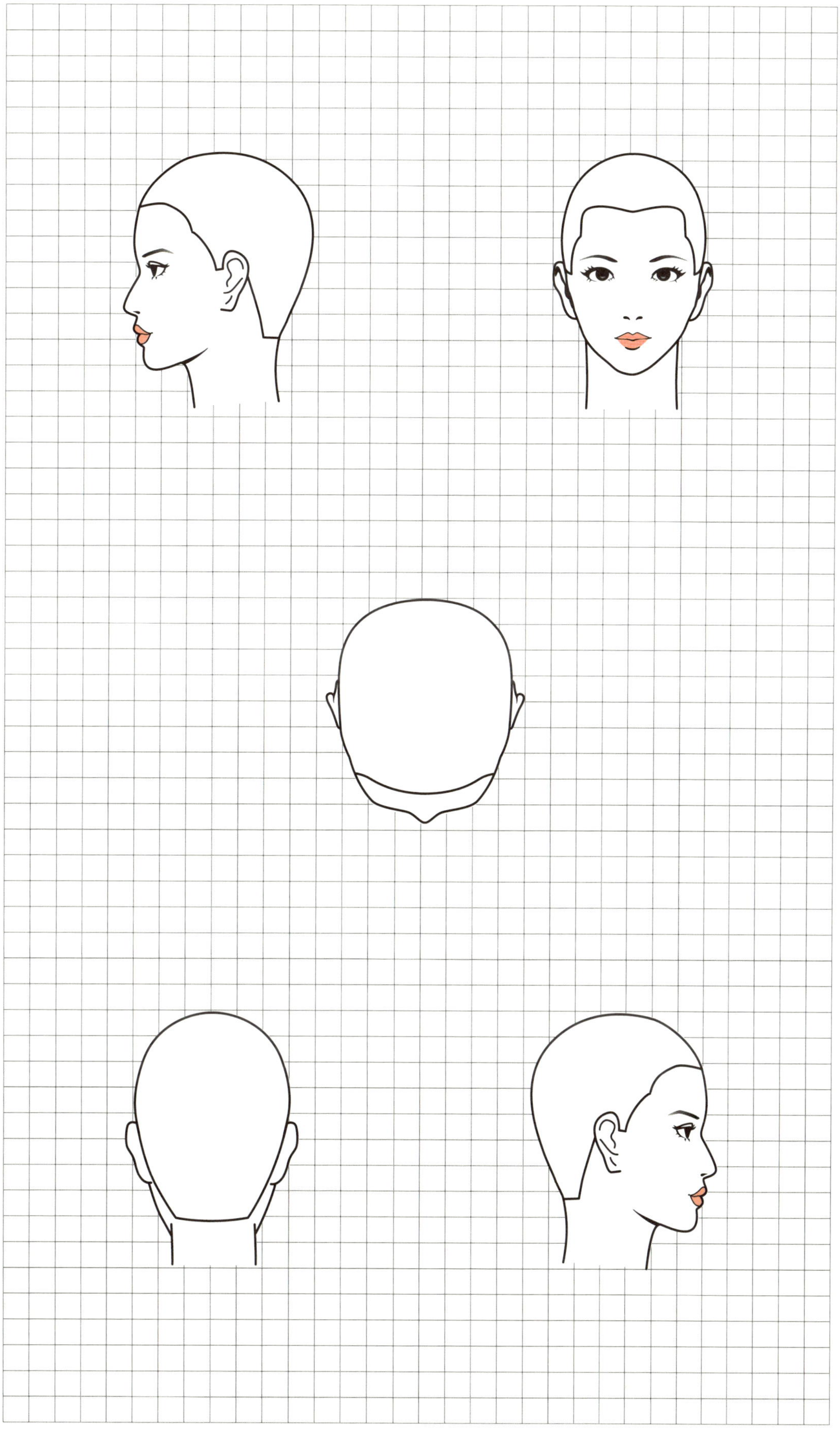

hair cut design completion

cut	blow dry
사진 앞	사진 앞
사진 우측면	사진 우측면
사진 좌측면	사진 좌측면
사진 뒤	사진 뒤

hair cut design completion

image map

127

hair cut design process

이 름 :	학 번 :
일 시 :	디자인 :

①		
②		
③		
④		
⑤		
⑥		
⑦		

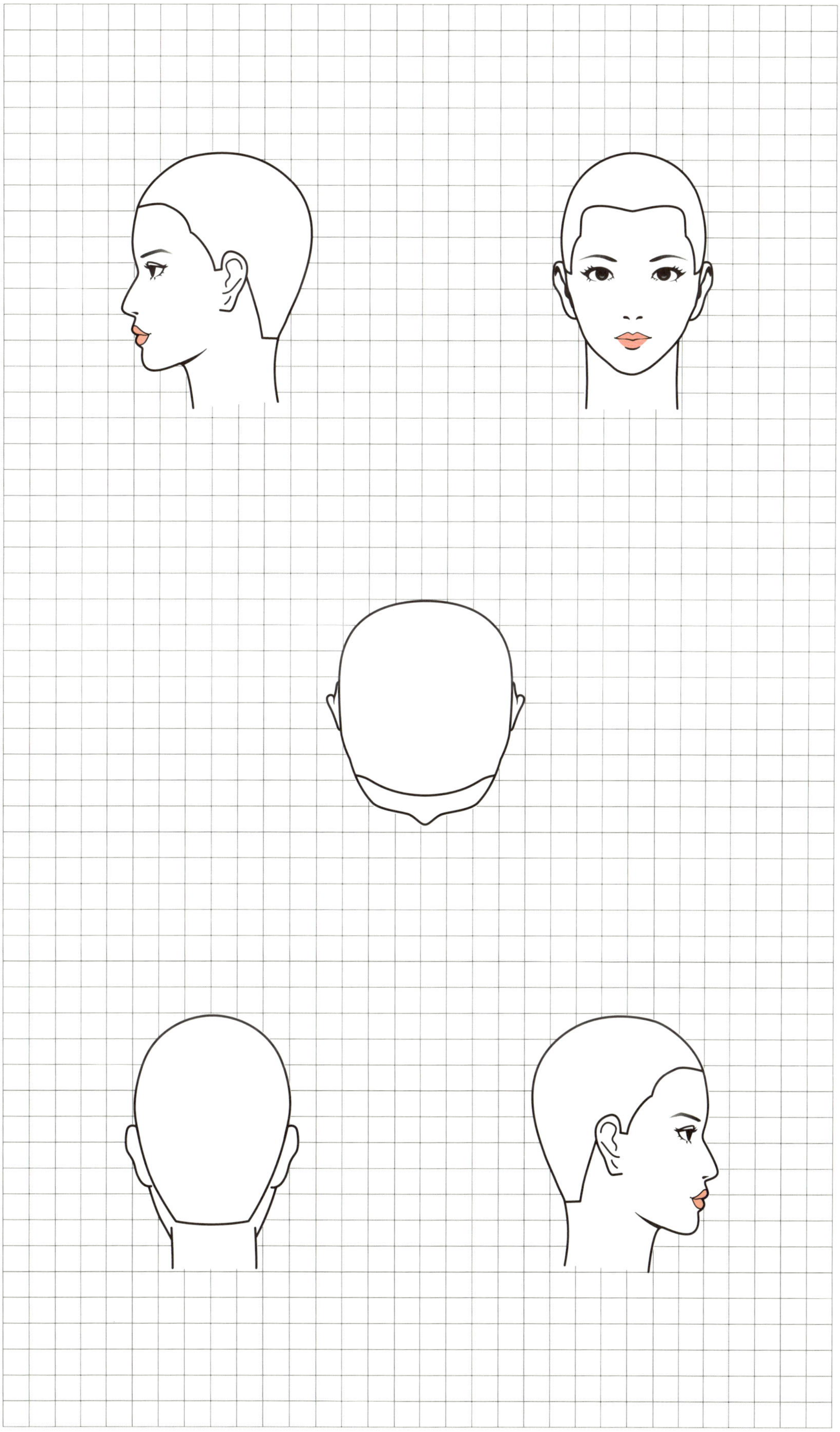

hair cut design completion

cut	blow dry
사진 앞	사진 앞
사진 우측면	사진 우측면
사진 좌측면	사진 좌측면
사진 뒤	사진 뒤

hair cut design completion

image map

hair cut design process

이 름 :	학 번 :
일 시 :	디자인 :

①		
②		
③		
④		
⑤		
⑥		
⑦		

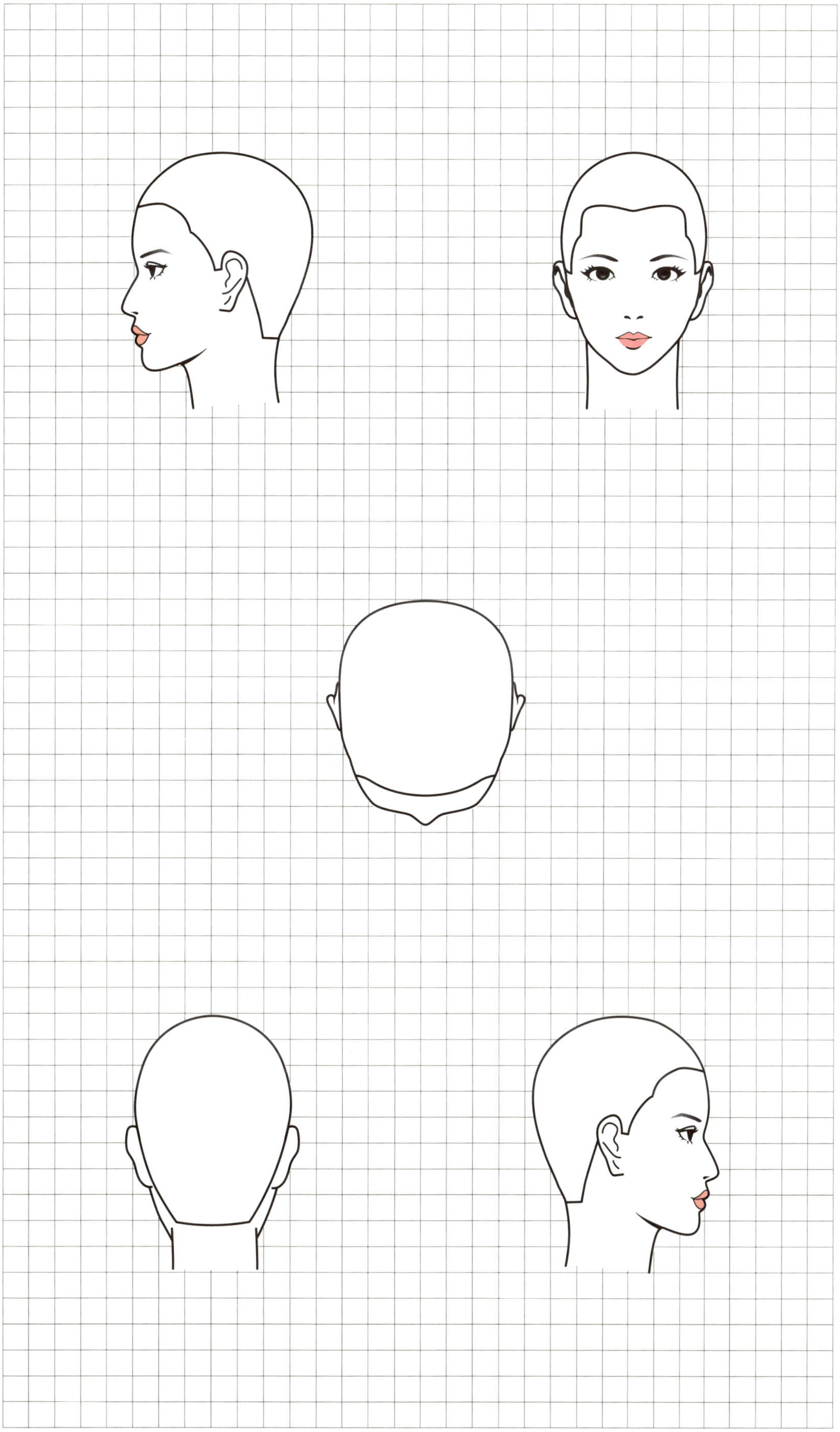

hair cut design completion

cut	blow dry
사진 앞	사진 앞
사진 우측면	사진 우측면
사진 좌측면	사진 좌측면
사진 뒤	사진 뒤

hair cut design completion

image map

06 부록

Haircut Workbook

헤어커트 가위 손동작: 블런트 기법(손가락 아래)

잡는 곳	잡는 곳	잡는 곳
잡는 곳	잡는 곳	잡는 곳
잡는 곳	잡는 곳	잡는 곳
잡는 곳	잡는 곳	잡는 곳
잡는 곳	잡는 곳	잡는 곳
잡는 곳	잡는 곳	잡는 곳
잡는 곳	잡는 곳	잡는 곳
잡는 곳	잡는 곳	잡는 곳
잡는 곳	잡는 곳	잡는 곳
잡는 곳	잡는 곳	잡는 곳
잡는 곳	잡는 곳	잡는 곳
잡는 곳	잡는 곳	잡는 곳
잡는 곳	잡는 곳	잡는 곳
잡는 곳	잡는 곳	잡는 곳
잡는 곳	잡는 곳	잡는 곳
잡는 곳	잡는 곳	잡는 곳

↑ 자르는 선 ↑ 자르는 선

헤어커트 가위 손동작: 블런트 기법(손가락 아래)

잡는 곳	잡는 곳	잡는 곳
잡는 곳	잡는 곳	잡는 곳
잡는 곳	잡는 곳	잡는 곳
잡는 곳	잡는 곳	잡는 곳
잡는 곳	잡는 곳	잡는 곳
잡는 곳	잡는 곳	잡는 곳
잡는 곳	잡는 곳	잡는 곳
잡는 곳	잡는 곳	잡는 곳
잡는 곳	잡는 곳	잡는 곳
잡는 곳	잡는 곳	잡는 곳
잡는 곳	잡는 곳	잡는 곳
잡는 곳	잡는 곳	잡는 곳
잡는 곳	잡는 곳	잡는 곳
잡는 곳	잡는 곳	잡는 곳
잡는 곳	잡는 곳	잡는 곳
잡는 곳	잡는 곳	잡는 곳

↑ 자르는 선　　↑ 자르는 선

헤어커트 가위 손동작: 블런트 기법(손가락 아래)

잡는 곳	잡는 곳	잡는 곳
잡는 곳	잡는 곳	잡는 곳
잡는 곳	잡는 곳	잡는 곳
잡는 곳	잡는 곳	잡는 곳
잡는 곳	잡는 곳	잡는 곳
잡는 곳	잡는 곳	잡는 곳
잡는 곳	잡는 곳	잡는 곳
잡는 곳	잡는 곳	잡는 곳
잡는 곳	잡는 곳	잡는 곳
잡는 곳	잡는 곳	잡는 곳
잡는 곳	잡는 곳	잡는 곳
잡는 곳	잡는 곳	잡는 곳
잡는 곳	잡는 곳	잡는 곳
잡는 곳	잡는 곳	잡는 곳
잡는 곳	잡는 곳	잡는 곳
잡는 곳	잡는 곳	잡는 곳

↑ 자르는 선 ↑ 자르는 선

헤어커트 가위 손동작: 블런트 기법(손가락 아래)

잡는 곳	잡는 곳	잡는 곳
잡는 곳	잡는 곳	잡는 곳
잡는 곳	잡는 곳	잡는 곳
잡는 곳	잡는 곳	잡는 곳
잡는 곳	잡는 곳	잡는 곳
잡는 곳	잡는 곳	잡는 곳
잡는 곳	잡는 곳	잡는 곳
잡는 곳	잡는 곳	잡는 곳
잡는 곳	잡는 곳	잡는 곳
잡는 곳	잡는 곳	잡는 곳
잡는 곳	잡는 곳	잡는 곳
잡는 곳	잡는 곳	잡는 곳
잡는 곳	잡는 곳	잡는 곳
잡는 곳	잡는 곳	잡는 곳
잡는 곳	잡는 곳	잡는 곳
잡는 곳	잡는 곳	잡는 곳

↑ 자르는 선　　↑ 자르는 선

헤어커트 가위 손동작: 블런트 기법(손 위)

잡는 곳	잡는 곳	잡는 곳
잡는 곳	잡는 곳	잡는 곳
잡는 곳	잡는 곳	잡는 곳
잡는 곳	잡는 곳	잡는 곳
잡는 곳	잡는 곳	잡는 곳
잡는 곳	잡는 곳	잡는 곳
잡는 곳	잡는 곳	잡는 곳
잡는 곳	잡는 곳	잡는 곳
잡는 곳	잡는 곳	잡는 곳
잡는 곳	잡는 곳	잡는 곳
잡는 곳	잡는 곳	잡는 곳
잡는 곳	잡는 곳	잡는 곳
잡는 곳	잡는 곳	잡는 곳
잡는 곳	잡는 곳	잡는 곳
잡는 곳	잡는 곳	잡는 곳
잡는 곳	잡는 곳	잡는 곳

↑ 자르는 선 ↑ 자르는 선

헤어커트 가위 손동작: 블런트 기법(손 위)

잡는 곳	잡는 곳	잡는 곳
잡는 곳	잡는 곳	잡는 곳
잡는 곳	잡는 곳	잡는 곳
잡는 곳	잡는 곳	잡는 곳
잡는 곳	잡는 곳	잡는 곳
잡는 곳	잡는 곳	잡는 곳
잡는 곳	잡는 곳	잡는 곳
잡는 곳	잡는 곳	잡는 곳
잡는 곳	잡는 곳	잡는 곳
잡는 곳	잡는 곳	잡는 곳
잡는 곳	잡는 곳	잡는 곳
잡는 곳	잡는 곳	잡는 곳
잡는 곳	잡는 곳	잡는 곳
잡는 곳	잡는 곳	잡는 곳
잡는 곳	잡는 곳	잡는 곳
잡는 곳	잡는 곳	잡는 곳

↑ 자르는 선

↑ 자르는 선

헤어커트 가위 손동작: 블런트 기법(손 위)

잡는 곳	잡는 곳	잡는 곳
잡는 곳	잡는 곳	잡는 곳
잡는 곳	잡는 곳	잡는 곳
잡는 곳	잡는 곳	잡는 곳
잡는 곳	잡는 곳	잡는 곳
잡는 곳	잡는 곳	잡는 곳
잡는 곳	잡는 곳	잡는 곳
잡는 곳	잡는 곳	잡는 곳
잡는 곳	잡는 곳	잡는 곳
잡는 곳	잡는 곳	잡는 곳
잡는 곳	잡는 곳	잡는 곳
잡는 곳	잡는 곳	잡는 곳
잡는 곳	잡는 곳	잡는 곳
잡는 곳	잡는 곳	잡는 곳
잡는 곳	잡는 곳	잡는 곳
잡는 곳	잡는 곳	잡는 곳

↑ 자르는 선 ↑ 자르는 선

<참고문헌>

- 베이직 헤어커트 . 박은준 외(2018), 메디시언
- 어드밴스 헤어커트 . 박은준 외(2018), 메디시언
- 차홍 아카데미 토탈 헤어 매뉴얼 . 차홍 아카데미(2016), ㈜시드페이퍼
- 커트입문 . PEEK-A-BOO(2014), ㈜가미쇼보코리아
- 퍼머넌트 웨이브 실전 워크북 . 김미정, 홍정아(2020), 구민사
- 헤어 컷 워크북 . 김미정 외(2020), 예림
- SCYULPTURE CUT 한국어판(2019), PIVOT POINT

<저자약력>

김미정

- 대구보건대학교 뷰티코디네이션과
- 한국미용기능장

홍정아

- 영진전문대학교 뷰티융합과
- 한국미용기능장

헤어커트 실전 워크북

초 판 인 쇄 | 2021년 8월 26일
초 판 발 행 | 2021년 9월 5일

저 자 | 김미정·홍정아
발 행 인 | 조규백
발 행 처 | 도서출판 구민사

전 화 | (02) 701-7421(~2)
팩 스 | (02) 3273-9642
홈 페 이 지 | www.kuhminsa.co.kr

신 고 번 호 | 제2012-000055호(1980년 2월 4일)
I S B N | 979-11-5813-947-6 [93590]
정 가 | 16,000원